动物福利与农业可持续发展

马　凯　侯国庆　朱　晨　等　编著

中国农业大学出版社
·北京·

内 容 简 介

动物福利是一项伦理原则，旨在确保动物在人类的干预或控制下能够享受到适当的照顾、尊重和保护。这个概念强调了对动物生存、健康和幸福的关注，同时力求减少它们遭受痛苦、苦难或不必要的伤害。本书旨在全面系统地探讨动物福利与农业可持续发展之间的复杂关系，强调它们之间的自然辩证关系，以及如何平衡人类需求、动物权益、环境保护和全球可持续性发展。全书分为3个部分，第一部分“理论研究”将深入研究动物福利与农业可持续发展的核心概念和原理，以及相关的评价指标和体系；第二部分“国际经验”将全面回顾国际、国家和地区层面有关动物福利的政策法规，这有助于读者更好地理解动物福利政策和实践的发展演变；第三部分“专题分析”将深入研究我国在“乡村振兴”战略实施背景下，多种农业实践对动物福利的影响，包括低抗养殖所带来的经济社会效益、抗生素减量化所面临的挑战和对策，以及消费者对低抗食品的支付意愿等重要议题。通过这本书的深度探讨和综合分析，我们期望为读者提供对动物福利与农业可持续发展这一关键议题更为深刻的洞见。

图书在版编目(CIP)数据

动物福利与农业可持续发展 / 马凯等编著．--北京：中国农业大学出版社，2023.12

ISBN 978-7-5655-3159-0

Ⅰ.①动…　Ⅱ.①马…　Ⅲ.①动物福利－研究－中国②农业可持续发展－研究－中国　Ⅳ.①S815②F323

中国国家版本馆CIP数据核字(2023)第250796号

书　　名　动物福利与农业可持续发展
作　　者　马　凯　侯国庆　朱　晨　等　编著

策划编辑　杜　琴　潘博闻　　**责任编辑**　潘博闻
封面设计　李尘工作室
出版发行　中国农业大学出版社
社　　址　北京市海淀区圆明园西路2号　　**邮政编码**　100193
电　　话　发行部 010-62733489,1190　　读者服务部 010-62732336
　　　　　　编辑部 010-62732617,2618　　出　版　部 010-62733440
网　　址　http://www.caupress.cn　　**E-mail** cbsszs@cau.edu.cn
经　　销　新华书店
印　　刷　北京锦鸿盛世印刷科技有限公司
版　　次　2023年12月第1版　　2023年12月第1次印刷
规　　格　170 mm×240 mm　　16开本　　8.25印张　　162千字
定　　价　40.00元

编 著 人 员

主要编著者 马　凯　侯国庆　朱　晨

其他编著者 （按姓氏笔画排序）

王晓璐　申　奥　李晴晴　张哲晰　徐　雪

徐万超　徐文燕　高　鸣　龚家凯　随　希

董梦婷　谭佳卉

前言

动物福利作为一项伦理原则，涵盖了对动物合理及负责的照顾、尊重和保护。这一概念强调，无论在何种情境下，都应确保动物在人类的干预或控制下能够享受到适当的照顾，以维护它们的健康和幸福，降低它们遭受痛苦或苦难的程度。伴随着党的二十大报告明确提出加快建设农业强国的目标，以及进一步明确高质量发展的工作方向，动物福利已逐渐成为各界关注的焦点。特别是在福利养殖领域，它被视为“同一健康”理念的重要组成部分，也是动物-环境协调发展以及农业可持续发展的核心实现路径之一。

本书的使命在于全面且系统地深入研究动物福利与农业可持续发展之间错综复杂的关系，凸显这两者之间的自然辩证关系，以及如何在人类需求、动物权益、环境保护和全球可持续发展之间取得平衡。全书分为 3 个部分，第一部分“理论研究”将深入研究动物福利与农业可持续发展的核心概念和原理，以及相关的评价指标和体系；第二部分“国际经验”将全面回顾国际、国家和地区层面有关动物福利的政策法规，这有助于读者更好地理解动物福利政策和实践的发展演变；第三部分“专题分析”将深入研究我国在“乡村振兴”战略实施背景下，多种农业实践对动物福利的影响，包括低抗养殖所带来的经济社会效益、抗生素减量化所面临的挑战和对策，以及消费者对低抗食品的支付意愿等重要议题。

通过这本书的深度探讨和综合分析，我们期望为读者提供对动物福利与农业可持续发展这一关键议题更为深刻的洞见，为研究者提供有深度思考的材料，同时激励更多的实践和创新，以确保动物的福祉能够得到应有的关注，同时推动农业领域更为可持续的未来发展。这本书代表了我们为人类、动物和地球的共同可持续发展所踏出的一大步。让我们共同投入这一旅程，追求共赢的未来。

编者

2023.10

目 录

第二篇　国际经验

第三篇　专题分析

第一章 导论

全球农业可持续发展是一种农业生产和资源管理方式，旨在满足当前和未来粮食需求、提高农民生计、保护自然环境和维护生态平衡，同时不损害未来世代的资源和环境。这一概念强调在农业领域采取可持续的实践，以确保农业系统的经济、社会和环境方面的长期可持续性。全球农业可持续发展强调了经济可持续性、社会可持续性、环境可持续性、生态平衡和食品安全，旨在平衡农业生产的经济、社会和环境方面的需求，以确保农业系统能够长期持续并对社会和环境产生积极影响。这是为了应对粮食安全、生态环境和社会发展等全球性挑战，从而创造更加健康、繁荣和可持续的未来。

习近平总书记 2023 年 8 月 24 日在“金砖＋”领导人对话会上的讲话强调：“发展承载着人民对美好生活的向往，是发展中国家的第一要务，也是人类社会永恒主题。今年是联合国 2030 年可持续发展议程的中期评估年。目前，多数可持续发展目标落实缓慢、令人担忧。全球发展事业面临巨大挑战”。发展是人与自然和谐共生的结果，自然生态与人类生存发展紧密联系，习近平总书记 2021 年 6 月 5 日在致巴基斯坦世界环境日主题活动的贺信中强调：“地球是人类的共同家园。生态兴则文明兴。人类应该尊重自然、顺应自然、保护自然，推动形成人与自然和谐共生新格局。气候变化、生物多样性丧失、荒漠化加剧和极端天气频发，给人类生存和发展带来严峻挑战。世界是同舟共济的命运共同体，国际社会要以前所未有的雄心和行动，推动构建公平合理、合作共赢的全球环境治理体系，推动人类可持续发展。”

农业可持续发展是全球发展事业的一项重要工作，习近平总书记和党中央高度重视，我国一直将农业可持续发展视为国家发展战略的重要组成部分，将农业可持续发展视为国家发展的战略性任务，并采取一系列政策和措施来促进农村经济繁荣、粮食安全、生态保护和农民福祉。农业是全球食品供应链的关键组成部分，它直接关系到全球粮食安全、生态平衡、气候变化以及人类社会的稳定。习近平总书记 2021 年 10 月 12 日在《生物多样性公约》第十五次缔约方大会领导人峰会上的主旨讲话提出：“‘万物各得其和以生，各得其养以成。’生物多样性使地球充满生机，也是人类生存和发展的基础。保护生物多样性有助于维护地球家园，促进人类可持续发展。”

近年来，动物福利产品越发受到各界关注，提升动物福利已成为促进全球农业可持续发展的至关重要一环。动物福利是指动物如何适应其所处的环境，满足其基本的自然需求。科学证明，如果动物健康、感觉舒适、营养充足、安全、能够自由表达天性并且不受痛苦、恐惧和压力威胁，则满足动物福利的要求。而高水平动物福利则更需要疾病免疫和兽医治疗、适宜的居所、管理、营养、人道对待和人道屠宰。动物福利尤指动物的生存状况，而动物所受的对待则有其他术语加以描述，例如，动物照料、饲养管理和人道处置。

按照国际公认标准，动物被分为农场动物、实验动物、伴侣动物、工作动物、娱乐动物和野生动物 6 类。世界动物卫生组织（WOAH）尤其强调了农场动物的福利，指出农场动物是供人食用的，但在成为食品之前，它们在饲养和运输过程中，或者因卫生原因遭到宰杀时，其福利都不容忽视。我们在关注动物福利对农业可持续发展的影响过程中应首要关注农场动物（顾招兵等，2011）。

在全球范围内，越来越多的政府、农业从业者和消费者认识到提升动物福利与农业可持续发展之间的密切联系，采取合理的立法、政策和实践来改善动物的生活条件已成为一项迫切的任务。只有确保动物在农业生产中得到合适的对待，才能实现全球农业的可持续发展，满足日益增长的粮食需求，保护环境，促进社会公平，以及实现更加健康和道德的食品系统。因此，提升动物福利已经成为不可或缺的目标，为全球农业可持续发展注入了更多的活力和道德责任。

许多国家制定了广泛的法律和政策，以确保动物权益和福祉得到保护，包括禁止虐待动物、规范动物饲养和运输、设立动物权益监管机构等。不同国家对动物的用途有不同的规定。一些国家对食品生产、实验、娱乐和皮革等领域制定了严格的规定，以提高动物福利。动物福利在不同国家的文化和社会实践中也存在差异。一些国家注重保护野生动物，促进动物权益，而另一些国家则可能有传统的动物用途实践，需要权衡文化和福祉之间的关系。许多国家在动物福利方面进行了科研和技术创新，以改进动物的饲养条件和处理方式，包括改进农场动物的饲养环境、替代实验动物的使用以及改进动物运输方式。全球对于动物福利的关注逐渐增加，越来越多的国家和组织采取措施来改善动物的待遇，推动全球动物福利水平的提高。国际上动物福利的发展已经取得了积极的成效，例如，德国家庭农场约为 38 万个，其中小型农场占比 61.9%，多以畜牧业为主，采用生态化饲养，不仅提高了畜禽养殖环境和农场动物福利水平，还提升了畜牧业生产能力。

中国为动物福利做出了诸多立法层面的努力，已经制定了一系列法律和法规，以保护动物的权益和福祉。2004 年，地方性行政法规《北京市实验动物管理条例》修订通过，首次提及动物福利，这是我国在动物福利领域的重大突破。2009 年，全国人大常委会正式启动动物福利立法程序。2014 年，中国标准化协会发布团体标准 T/CAS 235—2014《农场动物福利要求 猪》，中国首部农场动物福利标准就此诞生。截至目前，已经有6种农场动物被纳入福利标准体系。2020年，为防止类似新冠病毒感染疫情的再次发生，《关于全面禁止非法野生动物交易、革除滥食野生动物陋习、切实保障人民群众生命健康安全的决定》经第十三届全国人大常委会第十六次会议表决通过。此外，在相应的法律和行政法规中动物福利也有反映，相关立法主要包括《中华人民共和国畜牧法》《中华人民共和国野生动物保护法》《中华人民共和国动物防疫法》和《中华人民共和国食品安全法》，相关行政法规主要有《生猪屠宰管理条例》《实验动物管理条例》《动物检疫管理办法》《家犬管理条例》《水生野生动物保护实施条例》《陆生野生动物保护实施条例》和《国内贸易部饲料管理办法》等。

长期以来，动物在农业生产中的地位和待遇一直备受争议。因此，将动物福利置于全球农业可持续发展的核心位置已经成为当务之急。动物福利提升与农业可持续发展之间存在紧密联系。第一，动物是农业系统中不可或缺的一部分。它们提供了肉、奶、蛋等人类所需的食品，同时也用于农业劳动力、皮革和其他产品的生产。因此，保护和提高动物的福祉，不仅有助于提供高质量的食品，还有助于维护农业劳动力的健康和幸福，从而促进可持续农业生产。第二，动物福利与生态平衡和环境可持续发展息息相关。农业活动对土地、水资源和生态系统产生深远影响，而动物的合理管理可以降低环境压力，减少水污染、土壤侵蚀和碳排放。通过改善动物的饲养条件和管理方式，可以减少资源浪费，促进土地可持续利用，有助于生态系统的保护。第三，动物福利与气候变化和温室气体排放有关。不合理的动物饲养条件和管理方式可能导致过度的温室气体排放，特别是甲烷，这是一种强大的温室气体。通过改善动物饲养条件、减少过度饲养和改变饲料组成，可以降低农业对气候的不利影响，推动气候友好型农业实践。第四，提高动物福利有助于维护社会和经济可持续性。关注动物福祉问题有助于提高农业从业者的声誉，增强产品的市场竞争力，以及满足越来越关注食品生产道德和质量的消费者的需求。这也有助于减少社会不满情绪，改善农业社区的和谐。

第一篇

理论研究

第二章 动物福利原理与评价体系

动物福利概念的形成与发展经历了漫长的历史和演变过程。在古代文明中，动物福利并不是主要的关注点。动物通常被视为资源，用于食物、劳动力和其他需求。古代哲学家如亚里士多德曾提出了一些对动物的伦理考量，但这些观点在当时并未广泛传播。随着宗教文明的兴起，宗教文化在塑造动物福利概念方面起到了一定作用。一些宗教信仰教导人们对动物表现出尊重和关怀，如印度的卫食教义鼓励素食，并强调不伤害动物。启蒙时代的哲学家，如休谟和卢梭，开始探讨动物的情感和权益，为后来的动物福利运动奠定了基础。文学作品，如安德森的《小红帽》和雨果的《巴黎圣母院》，也强调了对动物的同情(李淦和顾宪红，2017)。工业革命带来了工厂农业和大规模养殖业的兴起，引发了对动物福利问题的关注。工业化的养殖方式引发了动物虐待、恶劣的饲养条件和宰杀方法，促使社会开始讨论这些问题。19 世纪末和 20 世纪初，一些国家开始制定第一批动物福利法律，旨在保护动物的权益。这些法律主要关注家畜的福祉，如英国的《动物福利法》(Animal Welfare Act)。20 世纪中期，动物权利运动兴起，将动物视为拥有权益的生命体。这一运动的代表人物如彼得 · 辛格(Peter Singer)和汤姆 · 雷根(Tom Regan)提出了动物权利的伦理理论，强调不只是关心动物的福祉，还应该认可它们的权利(黄雯怡和王国聘，2016)。国际组织如联合国和世界动物保护协会(World Animal Protection)推动了全球范围内的动物福利倡议。一些国家还通过国际协定和法规来保护野生动物和栖息地。

1965 年，英国政府为回应社会诉求，委任了罗杰 · 布拉姆贝尔(Roger Brambell)教授对农场动物的福利事宜进行研究。根据研究结果，于 1967 年成立农场动物福利咨询委员会(1979 年改组为农场动物福利委员会)。该委员会提出动物都会有渴求“转身、弄干身体、起立、躺下和伸展四肢”的自由，其后更确立动物福利的“五大自由”(郭欣和严火其，2019)。按照现在国际上公认的说法，动物福利被普遍理解为五大自由：①享有不受饥渴的自由，保证提供动物保持良好健康和精力所需要的食物和饮水；②享有生活舒适的自由，提供适当的房舍或栖息场所，让动物能够得到舒适的睡眠和休息；③享有不受痛苦、伤害和疾病的自由，保证动物不受额外的疼痛，预防疾病并对患病动物进行及时的治疗；④享有生活无恐惧和无悲伤的自由，保证避免动物遭受精神痛苦的各种条件和处置；⑤享有表达天性的自由，被提供足够的空间、适当的设施以及与同类伙伴在一起。

总的来说，动物福利的概念在历史上经历了从视动物为资源到关注动物权益和福祉的演变。它是一场长期的社会和伦理进程，不断受到新科学发现、法律法规和道德观念的影响，以确保动物在人类社会中受到尊重和保护。进入现代社会，动物福利的概念在逐渐地为人所关注，本章将廓清动物福利领域的相关知识原理，将从核心概念、生理原理、评价指标、评价体系 4 个方面阐述动物福利的相关概念与指标体系。

一、动物福利的核心概念

"动物福利"与"动物权利""动物保护"有一些共同之处和细微的不同之处。这些概念都体现了人类珍惜生命、关爱动物、保护动物，科学、合理、人道地使用动物的理念，但视角不同，各有侧重。这些概念与动物福利既相联系又相区分，反映了社会对待动物的不同观点和关切，涵盖了从伦理和法律到实际操作的多个方面。下面将从动物福利的概念角度出发，比较鉴别不同的概念（张敏和严火其，2018）。

1. 动物福利

动物福利即让动物适应其所处的环境，满足其基本的自然需求，让它们在健康快乐的环境下生长，人们需要关心和保护动物的权益和福祉。总体上来看，动物福利的标准包括没有任何不适、没有异常的举动、没有心理上的紧张和痛苦、拥有一定数量的可供食用的食物和水、确保动物不受虐待、适宜的栖息地、医疗照顾以及不被过度捕捞或捕杀（史小平等，2004）。

动物福利概念由 5 个基本要素组成，也称为动物福利的 5 项基本福利，分为以下 5 个方面：第一，生理福利，即为动物提供适当的卫生饮水和有营养的食物，让它们无饥渴之忧虑；第二，环境福利，也就是要让动物能够有适当的、舒适休息的栖息地；第三，卫生福利，为动物做好防疫工作，做到有效预防疾病和及时救治，主要是为了减少动物的伤病；第四，行为福利，应保证为动物提供必要的空间和需要的设备以及同类同伴正常表达动物天性的自由；第五，心理福利，为动物提供良好的条件和设备（包括屠宰的过程），减轻动物精神上的恐惧和焦虑的心情。5 项基本福利是动物福利满足的 5 个方面，从某种意义上来说，是动物福利相关立法和社会关注所需要达到的一种高度和现象。

2. 动物权利

动物权利是一种伦理和道德理念，是人发起的保护动物不被人类作为占有物来对待的社会运动。动物权利主张动物不仅是人类的财产或资源，而且是具有自身价值和权利的生物。主张动物要享有精神上的基本"人"权，这些权利不应受到忽视或侵犯,包括不受虐待、不受折磨、不受杀害等权利。动物权利的理念认为,动物有权享受生活,而不仅是因为它们对人类有用或提供某种形式的福利。动物权利主张反对动物被视为工具、实验对象或商品,并反对以任何形式侵犯动物的权利。动物权利支持制定法律来确保动物的权利得到尊重和保护,这包括禁止虐待动物和实行权利法律(常纪文,2007)。

动物权利和动物福利的概念较为相似,但是在关注焦点、立场、法律实施等方面存在着一定的区别。动物权利关注的是动物本身拥有的权利,而动物福利关注的是改善动物的生活质量。动物权利更强调道德和伦理,而动物福利更注重实际对待动物的条件。动物权利主张动物与人类享有类似的权利,而动物福利主张改善对待动物的方式,但不一定认为动物与人类权利相等。动物权利通常需要更严格的法律保护,以确保不侵犯动物的权利,而动物福利通常关注制定法律来规定最低的对待标准。综合而言,动物权利和动物福利代表了两种不同的伦理观点,对待动物的方式和权益有不同的关切。其中,动物权利强调了更广泛的道德和法律变革,而动物福利更注重改进动物的待遇。这两种概念在实践中可能会有交集,但也存在明显的区别。

3. 动物保护

动物保护关注的是保护野生动物及其栖息地,以维护生态平衡和生物多样性。它侧重于维护整个生态系统,以确保野生动植物的生存和繁衍。动物保护的重点是野生动物的保护,包括濒危物种、栖息地的保护和管理,以减少物种灭绝的风险。动物保护通常涉及科学研究、野生动物保护区的设立、非法捕猎和非法贸易的打击,以及野生动物的保护教育。

总的来说,动物保护更侧重于保护野生动物和生态系统,以维护生物多样性,而动物福利更专注于改善人类与动物互动中的动物生活质量。这两个概念在某些情况下可以互补,但它们的重点和方法通常不同,以应对不同的动物保护挑战。

4. 动物伦理学

动物伦理学是伦理学的一个分支领域,专注于研究人类与动物之间的道德关系,以及如何应对动物的权益和福祉。它关注的问题包括如何合理对待动物、动物是否拥有权利、是否可以合理地利用动物等。动物伦理学探讨了对待动物的伦理准则和原则,包括如何进行实验、养殖、繁育、娱乐和食品生产等,以确保动物受到合理对待。在动物实验领域,研究了在科学研究中使用动物作为实验对象的伦理问题,包括如何最小化动物的痛苦、确保实验的合法性以及替代实验动物的方法。动物伦理学倡导者通常考虑避免食用或使用动物产品,如肉类、乳制品和蛋类,基于对动物的权益和福祉的伦理关切。动物伦理学推动在教育体系中加强对动物伦理的教育,以提高人们对动物权益和福祉问题的意识和理解。

动物伦理学涵盖了动物权利、动物福利等相关概念。总的来说，动物伦理学是一个关注人与动物之间伦理关系的学科，旨在探讨如何更好地对待动物、保护它们的权益和提高它们的福祉。这个领域的研究有助于引发社会对动物权益和福祉问题的重要讨论和改进。

5. 动物福利法律

动物福利法律是指以保护动物权益和福祉为目标的法律法规体系。这些法律旨在确保在不同领域，如农场动物、实验动物、伴侣动物、工作动物、娱乐动物和野生动物的管理中，对待动物的方式是合法和合乎道德的。动物福利法律规定了对待动物的最低标准和要求，以确保它们在各种环境中得到合适的照顾。这些标准可能包括提供足够的食物和水、合适的住所、医疗护理和自然行为的满足。动物福利法律通常禁止虐待动物，包括残酷对待、虐待、虐杀和折磨。这些法律也可能规定了刑事和民事责任，以惩罚虐待动物的行为。动物实验法律规定了在科学研究和实验中对待实验动物的规则和要求，以确保最小化实验动物的痛苦和苦难，以及确保实验的伦理合法性。农业和养殖法律规定了农业和养殖业中对待农场动物的标准，包括养殖条件、动物的饲养、运输和屠宰等方面的规定。伴侣动物法律规定了养宠物和伴侣动物的责任和义务，包括对待伴侣动物的基本需求、防止虐待和弃养等规定。野生动物保护法律规定了保护濒危物种、野生动物栖息地和野生动植物贸易的规定，以维护野生动植物的生存和生态系统的平衡。动物福利法律通常由政府机构负责监督和执法。这些机构可以对违反法律规定的行为进行调查，采取适当的法律行动。动物福利法律经常进行更新和改革，以反映社会对动物权益和福祉问题的变化认识，以及采用新科学知识和技术的进展。总的来说，动物福利法律的目标是确保动物在人类使用和管理下得到适当的保护和对待，以减少动物的痛苦和苦难，维护动物权益和福祉。这些法律在不同国家和地区可能有所不同，但它们共同代表了对动物权益和福祉的法律承诺。

6. 动物权益组织

这些组织致力于提高公众对动物福利和权益问题的认识，倡导改善对待动物的做法，并推动相关政策和法律的改革。

动物权益组织是一类非营利性组织，其主要目标是倡导和捍卫动物的权益、福祉和保护。这些组织致力于推动社会、法律和政策的改变，以确保动物受到合适的对待，减少动物的痛苦和苦难，以及维护动物的权益。动物权益组织的主要任务是倡导动物拥有一定的权益，这些权益应受到尊重和保护，类似于人类的权益。他们通常强调动物不应被视为纯粹的资源或财产。这些组织通过教育和宣传活动，提高公众对动物权益和福祉问题的意识和理解。它们致力于传播信息，揭示动物遭受的虐待和苦难，并促使人们采取行动以改善动物的境况。动物权益组织积极参与制定、推动和倡导动物保护法律和政策的改革，在政府和立法机构中进行呼吁和倡导工作，以确保法律能更好地保护动物权益。一些动物权益组织从事实地工作，包括救援和庇护动物，提供医疗护理，协助动物寻找新的家庭，以及参与野生动物保护项目。这些组织可能进行监督和调查，揭示动物虐待、实验室动物条件、农场动物养殖条件等问题，并通过披露这些问题来促使改善。一些动物权益组织在国际层面积极参与，与其他国际组织和政府合作，共同解决全球性的动物权益问题，如野生动物走私、物种灭绝和动物实验等。为了支持他们的工作，动物权益组织通常依赖于募款和志愿者的支持，他们会组织筹款活动，招募志愿者，以及与支持者合作。

一些知名的动物权益组织包括国际动物权益组织（如世界自然保护联盟、世界动物保护协会）、地区性和国家性动物权益组织（如美国人道协会、英国防止虐待动物协会），以及特定领域的组织（如美国善待动物组织、英国反活体解剖协会）等。这些组织在全球范围内发挥着重要作用，推动动物权益和福祉问题得到更广泛的认知和改善。

二、动物福利的生理原理

动物福利的切入点是需要满足动物在生存的各个阶段的生理需求，因此引入动物的生理原理这一概念。具体来说，动物福利的生理原理是指动物在生活中的生理需求和反应，以及如何满足这些需求以确保它们的福祉。以下是一些与动物福利相关的生理原理：

（1）饮食和营养　生理福利的关键组成部分之一是饮食和营养。动物需要获得充足和适当的食物以满足其能量、蛋白质、维生素和矿物质需求来维持生命和健康。合理的饮食和营养可以确保动物体重、生长和免疫系统的正常。

（2）水源　提供充足的清洁饮用水是维持动物生理健康的必要条件。水对于消化、体温调节和排泄功能至关重要。

（3）栖息地和住房　动物的生理需求与其栖息地和住房条件密切相关。提供适宜的栖息地，包括适当的空间、合适的气温、湿度、光照和栖息地结构，以确保动物不受极端温度、风雨或其他不利天气条件的影响，对于动物的生理健康至关重要。

（4）运动和活动　许多动物需要适量的运动和活动以保持肌肉强度、心血管健康和心理刺激。缺乏运动和活动可能导致肥胖和行为问题。对于家养宠物和园区动物，提供合适的运动和丰富的环境刺激尤为重要。

（5）健康护理和疾病控制　动物需要获得适时的医疗照顾以治疗疾病和受伤，这对于生理福利至关重要。控制疾病的传播和流行对于保护动物的生理健康至关重要，这包括预防性医疗保健、疫苗接种、隔离措施、卫生管理、疾病监测和治疗、兽医护理以及定期体检。

(6)避免疼痛和痛苦 监测和管理动物可能经历的疼痛是生理福利的一部分，因为动物有能力感受疼痛和痛苦，所以应该采取措施来预防、减轻或治疗这些症状。这包括在手术、创伤或慢性疾病治疗中提供适当的麻醉和镇痛药物，以及减少可能引起疼痛的因素。

(7)睡眠 提供足够的休息和睡眠时间对于维持动物的生理和心理健康至关重要。充足的睡眠有助于恢复体力和促进生理平衡。

(8)社交互动 对于社交动物，维护适当的社交互动和群体结构对于其生理福利至关重要。孤立或过度拥挤都可能对动物产生负面影响。

(9)自然行为表现 动物通常表现出一些自然行为，如捕食、寻找食物、建巢、繁殖等。提供机会让动物表现这些自然行为可以提高它们的生活质量。

这些因素综合起来，可以确保动物在合适的条件下生活，并维护其生理健康。良好的生理福利不仅有助于动物的长寿和幸福，还对其行为和心理福利产生积极影响。总的来说，动物福利的生理原理涉及满足动物基本的生理和行为需求，以确保它们在人类的养护和保护下过上健康、幸福的生活。这需要对动物的生理特点和需求有深刻的了解，以制定适当的养护和保护政策。因此，生理原理是评估和改善动物福利的关键方面之一。

三、动物福利的评价指标

动物福利的评价指标是一种用来度量和评估动物在不同环境中的生活条件和待遇的工具。这些指标旨在帮助人们了解和量化动物的福祉水平，以便监测和改进对待动物的方式，减少它们可能遭受的痛苦和苦难(姜冰，2021)。

动物福利评价指标的首要目标是提供一种方法，可以度量动物的生活条件和待遇，从而了解它们的福祉水平。这些指标有助于监测不同环境下动物的福祉状况，以及不同时期的变化。通过定期的评估，人们可以识别问题并采取措施改进对待动物的方式(曹晓波等，2016)。动物福利的评价指标有着多方面实际用途，一方面它可以支持决策制定，政府、法规制定机构、农业和养殖业、科研机构等各方都可以使用动物福利评价指标来制定政策、法律和规章，以保护动物权益和福祉；另一方面它可以提高公众意识，公众对动物福利问题的关注度越来越高，评价指标可以提供客观的数据，帮助引发社会对动物权益和福祉问题的重要讨论。总的来说，动物福利的评价指标有助于提高动物的生活质量，减少动物遭受的痛苦和苦难，同时也有助于促进人与动物的和谐共生(苏美洋伊等，2023)。

动物福利的评价指标是多方面的，相对于生理原理而言，它不仅包括生理层面的一些指标因素，还涵盖行为、心理和社会层面的一些因素，涵盖动物的生活质量、健康状况和行为表现。以下是一些常见的动物福利评价指标，值得一提的是，这些评价指标对所有动物并不都是通用的，它可以根据不同的动物类型、用途和环境进行定制（孙永波等，2017）。

1. 生理健康

动物福利的评价指标涵盖了多个层面，生理健康指标是其中之一，用于衡量动物在特定环境中的生理健康状况。生理健康指标包括以下 6 个关键层面，每个层面都对评估动物的福祉和健康至关重要。

（1）体重和生长速度　动物的体重对其健康和福祉至关重要。体重正常、适中是动物获得充足营养和良好生活条件的一个重要标志。在农场动物方面，适当的体重也可以影响其肉类、乳制品或蛋类的生产效率。太轻或太重的体重都可能表明饮食或健康存在问题，因此定期监测和记录动物的体重对于确保其福祉非常重要。动物的生长速度是另一个反映其福祉状况的重要因素。适度的生长速度表明动物接受了适当的营养和生活条件，有助于避免生长过快或过慢所导致的健康问题。在农场动物生产中，管理者通常会追踪动物生长速度以确保产品质量和生产效率。为了评估动物的体重和生长速度，通常需要建立系统的监测和记录程序。这些数据可以用于识别问题、改进饮食和饲养管理，并在需要时采取适当的干预措施，以确保动物在健康和福祉方面表现良好。

（2）疾病和受伤发生率　这一指标用于评估动物是否受到常见疾病和受伤的威胁。较低的疾病和受伤发生率通常表示动物在其环境中接受了良好的保护和医疗护理。动物福利评估中常包括对疾病传播的风险和预防措施的评估。

（3）医疗的预防和护理　这一层面关注的是动物是否接受到适当的医疗预防和护理，包括疫苗接种、寄生虫控制、伤口处理以及疾病和伤害的治疗。确保动物能够获得及时的医疗护理对于维护其健康至关重要。

（4）充足的食物和水资源　包括确保动物有足够的食物，以满足其能量和营养需求，以及提供充足的清洁水源。食物和水资源的不足可能导致动物出现健康问题和疾病。

（5）体温和体重稳定性　动物的体温和体重稳定性反映了它们是否能够维持正常的生理状态。动物福利评估通常包括监测动物的体温和体重，以确保它们没有遭受过度的应激、营养不良或其他健康问题。

（6）寿命　通常情况下，较长的寿命表明动物生活在相对健康和适宜的环境中。然而，寿命还可能受到物种、品种和环境条件的影响，因此需要进行细致的研究和分析。

这些生理健康指标有助于衡量动物的生活质量，同时也有助于识别可能需要改进的领域。动物福利评估通常需要综合考虑这些指标以全面评估动物的福祉，以便采取适当的行动来改善动物的待遇和生活条件。这些指标的监测和分析有助于确保动物能够过上健康、幸福和具有尊严的生活。

2. 行为表现

动物福利的评价指标中，行为表现指标非常重要，因为它们提供了洞察动物在特定环境中的生活质量和幸福程度的关键信息。行为表现指标通常涵盖多个层面，用于评估动物是否能够表现出其自然行为和生活需求。以下是行为表现指标的 4 个主要层面。

(1)活动水平和运动能力　这个层面关注动物的运动需求和能力。评估动物是否有足够的空间和机会进行运动和活动，以维持其健康。具体的指标可能包括：动物的活动水平，如运动、奔跑和游戏的频率；是否有足够的空间供动物进行自由活动和伸展；动物是否受到限制，如受到拘禁或缺乏运动的机会。

(2)社交互动和群体行为　这个层面关注动物的社交需求和能力，以及其在群体中的行为。这些指标有助于评估动物是否能够满足社交和群体结构的自然需求。具体的指标可能包括：动物之间的社交互动，如亲近、舔舐、嬉戏和协作；是否有机会与同类进行社交互动，并维护群体结构；是否存在引发社交冲突或孤立的因素。

(3)逃避行为和探索行为　这个层面涉及动物对环境的适应能力和探索欲望。评估动物是否有机会探索新的环境和刺激，以及是否能够逃避不适宜的条件。具体的指标可能包括：动物是否表现出探索新环境、物体或媒介的行为；是否存在逃避、躲避或避免不适宜条件的行为；对新刺激的反应，如好奇心和适应性。

(4)食欲和摄食行为　这个层面关注动物的饮食需求和食欲，以及其对食物的获取和摄食行为。评估动物是否能够满足其正常的营养需求。具体的指标可能包括：动物的食欲和摄食行为，如进食的频率、数量和方式；是否有足够的食物供应，以满足动物的能量和营养需求；是否存在食物竞争或限制，导致某些动物无法获得足够的食物。

这些行为表现指标在评估动物福利时具有重要意义，因为它们帮助我们了解动物是否生活在符合其自然需求的环境中，以及是否有改进的空间以提高其生活水平。综合考虑这些层面的指标有助于确保动物能够过上更健康、快乐和满足的生活。

3. 心理福利

动物福利的评价指标中，心理福利指标用于测量和评估动物的心理状态和情感体验。这些指标有助于我们了解动物的情感和情绪，以便更好地满足它们的心理需求。心理福利指标通常涵盖以下 4 个层面。

(1)压力水平和焦虑程度　这个层面关注的是动物是否处于高度紧张或焦虑

的状态。评价指标可以包括监测生理指标，如皮质醇水平（一种应激激素）的测量，以及观察行为指标，如不安定的行为、逃避行为或呼吸急促。动物的长期或重复性压力和焦虑可能对其健康产生负面影响。

（2）恐惧和挫折感　这个层面关注动物是否经常感到害怕、恐惧或无助。评价指标可以包括对外部刺激的恐惧反应、避开或回避特定情境的行为，以及是否出现长期的挫折感或绝望行为。恐惧和挫折感可能会导致动物的负面情感和行为问题。

（3）快乐和满足感　这个层面关注的是动物是否经常体验到积极的情感，如快乐、满足和舒适感。评价指标可以包括观察动物的欢乐行为，如玩耍、社交互动、摇尾巴等，以及对刺激的积极反应，如吃饭时的食欲和满足感。快乐和满足感是心理福利的重要组成部分，有助于动物保持积极的情感状态。

（4）对外部刺激的积极反应　这个层面关注动物是否对外部环境中的刺激和情境表现出积极的兴趣和互动。评价指标可以包括动物对新事物的好奇心，对游戏和玩耍的参与度，以及是否积极参与学习和探索。这些积极的反应有助于动物适应不同环境，并提供认知和情感的刺激。

综合而言，心理福利指标在评估动物的精神状态和情感体验方面起着关键作用。通过监测这些指标，我们可以更好地了解动物的内在世界，确保它们的心理需求得到满足，减少潜在的心理疾病和苦难，从而提高动物的全面福祉。这些指标的综合评估有助于确保动物在不同环境中都能享有良好的心理福利。

4. 社交福利

动物福利的评价指标中，社交福利指标关注动物是否能够满足其社交和群体需求，以及它们是否生活在满足这些需求的环境中。以下是与社交福利相关的3个评价指标。

（1）社交结构和群体关系　这一指标考察动物的社交结构和群体关系，评估动物群体的大小以及个体之间的性别、年龄和家庭结构等因素。群体的大小和多样性对社交福利至关重要，因为它们可以提供更多的社交互动机会和丰富的群体关系。研究群体中的领导者和社会地位，以了解动物是否能够建立稳定的社会层次和关系。

（2）合适的社交互动机会　这一指标关注动物是否有机会进行合适的社交互动。它可以包括以下方面：社交空间用以评估动物是否有足够的空间来进行社交互动，包括运动、游戏和亲密接触等。社交刺激用以研究动物是否有接触其他同类的机会，以促进社交互动、学习和情感表达。社交环境用以考察动物生活环境中是否存在丰富的社交刺激，如社交玩具、结构化的群体活动和合适的社交时间。

（3）家庭和群体的稳定性　社交福利还与家庭和群体的稳定性相关。它可以包括以下方面：家庭和群体的分离用以研究动物是否经历频繁的家庭和群体分离，这可能导致社交不稳定和情感困扰。群体冲突用以评估是否存在过多的社交冲突和竞争，这可能导致社交不稳定和紧张气氛。社交团结用以考察动物是否形成稳定的社交群体，互相支持和互助，以维护社交和情感福祉。

通过评估这些社交福利指标，人们可以更好地了解动物的社交需求以及社交环境是否得到满足，从而采取措施来改善动物的社交福利。这有助于确保动物在其社交生活中能够体验到愉悦和幸福，提高其整体福祉水平。

5. 生活条件与环境适应

生活条件与环境适应对于确保动物在各种环境中的福祉至关重要。这个指标帮助我们了解和评估动物是否生活在满足其基本需求的环境中。以下是关于这 4 个层面的动物福利评价指标的扩展说明。

(1)适宜的栖息地条件　栖息地大小用以评估动物所处栖息地的空间大小是否足够，以确保它们可以自由移动、伸展身体和展示自然行为，而不感到拥挤或受限。群体密度用以考察每个动物个体在栖息地中的密度，以确保群体中没有过多的拥挤，这可以减少争斗和压力。

(2)温度、湿度和通风　温度控制用以评估环境中的温度是否在适宜范围内，以满足动物的生理需求，不让它们受到极端的寒冷或酷热；湿度水平用以检查湿度是否适宜，以确保动物的皮肤和呼吸道不会受到干燥或过湿的影响；通风情况用以考察通风系统是否能够维持新鲜空气的流动，以防止空气污染和气味积聚。

(3)居住空间和庇护设施　该指标评估动物是否有足够的庇护设施，以保护它们免受极端气候、风、雨和阳光的影响。确保动物有安全、舒适的地方用于休息和睡觉，以满足其日常生活需求。检查底部材料(如床垫、地板、垫子)是否能够提供舒适的表面，防止疼痛、摩擦和伤害。

(4)运输条件　对动物在运输过程中的待遇进行评估，以确保其在运输中不受到不必要的痛苦和苦难。对运输工具空间大小和通风情况进行评估，以确保动物在运输过程中有足够的空间和新鲜空气。检查运输工具是否提供足够的庇护设施，以保护动物免受天气和其他环境因素的影响。确保在长时间的运输中，动物可以获得足够的水和食物，以满足其生理需求。

这些评价指标有助于评估动物的生活条件和环境，以确保它们在各种情况下得到适当的照顾和对待。通过监测和遵守这些指标，可以提高动物的福祉水平，减少痛苦和苦难，同时也有助于确保动物与人类之间的和谐共生。

6. 痛苦和苦难

痛苦和苦难的指标，通常涵盖多个层面，以确保全面评估动物的福祉水平。以下是关于痛苦和苦难指标的 3 个层面。

(1)是否受到疼痛、不适或悲惨经历的影响　这个层面包括观察动物的行为和生理反应,以判断它们是否处于疼痛或不适的状态。包括以下 4 个关键的评估因素。

①行为观察:观察动物的行为是否发生变化,包括是否出现异常行为,如舔、抓、啃、挠等,以及是否表现出不正常的恐惧、愤怒或沮丧等情绪。

②生理指标:监测生理参数,如呼吸率、心率、体温等,以确定是否存在生理上的不适。

③表情和姿势:观察动物的表情和身体姿势,以寻找疼痛或不适的迹象,如躲避触摸、蜷缩或颤抖等。

④食欲和饮水:检查动物是否出现食欲和饮水的减少或变化,这可能是疼痛或不适的迹象。

(2)是否提供疼痛管理和镇痛措施　这个层面关注的是动物是否得到适当的疼痛管理和镇痛措施。评估这一点需要考虑以下 4 个因素。

①疼痛诊断:确定动物是否患有疼痛病症,以便采取合适的镇痛措施。

②镇痛药物:评估是否为动物提供了合适的镇痛药物,以减轻或控制疼痛。

③非药物治疗:除了药物治疗外,还可以考虑其他非药物治疗方法,如物理疗法、按摩、温暖环境等。

④镇痛效果评估:定期评估镇痛措施的效果,以确保它们能够有效减轻动物的疼痛。

(3)生理和行为指标　如呼吸率、心率、行为异常等。这个层面涉及监测动物的生理和行为指标,评估动物是否受到疼痛、苦难或不适的影响。具体需考虑以下 3 个因素。

①呼吸率和心率:监测动物的呼吸率和心率是否超出正常范围,以寻找可能的疼痛或不适迹象。

②行为观察:持续观察动物的行为,包括是否有异常行为,如抽搐、咆哮、挣扎等,以及是否表现出明显的疼痛行为。

③生理指标:评估生理指标,如血压、血液化学参数和激素水平,以检测是否存在生理上的异常。

7. 饮食和营养

动物福利的评价指标在饮食和营养方面通常涵盖 3 个关键层面,这些层面有助于确保动物的生活条件和饮食满足其基本需求,减少饥饿和过度喂养的风险,以及提供多样性和均衡的饮食。

(1)获得适当的营养和能量　这个层面关注确保动物获得足够的营养和能量,以满足其生长、维持体温和日常生活所需的能量需求。这包括提供足够的蛋白质、碳水化合物、脂肪、维生素和矿物质,以满足不同动物种类和个体的特定需求。评估指标包括:饲料成分分析(分析动物所食用的饲料的营养成分,以确保其包含足够的能量和营养）和食物摄入记录（记录动物的食物摄入量，以确保它们获得足够的营养）。

（2）饮食多样性和均衡　这个层面强调提供多样性和均衡的饮食，以确保动物获得各种营养成分，防止单一食物引起的偏食和营养不足。多样性的饮食有助于提供不同种类的营养，促进其健康生长。评估指标可能包括：饲料成分多样性（确保饲料中包括多种不同类型的食材，以提供各种营养）；饮食计划或菜单（制定饮食计划或菜单，确保动物在一段时间内获得均衡的饮食）和饮食监测（监测动物对不同食物的接受程度，以调整饮食满足其需求）。

（3）避免饥饿或过度喂养　这个层面强调避免动物经历饥饿或过度喂养的情况。饥饿可能会导致动物的健康问题，而过度喂养可能会引起肥胖和相关的健康风险。评估指标可能包括：定量饲养计划（制定饲养计划，根据动物的需求和特征来提供适量的食物）；定时饮食（确保动物定时获得食物，以避免长时间的饥饿）和体重监测（定期监测动物的体重变化，以识别是否存在饥饿或过度喂养的问题）。

综合而言，这些饮食和营养指标是评估动物福利的重要组成部分，它们有助于确保动物在不同环境下获得适当的饮食，以维护其权益和福祉。这些指标有助于监测、改进和确保动物饮食的质量和合理性。

8. 睡眠

动物福利的评价指标在考虑睡眠方面通常包括以下 2 个关键层面，这 2 个层面有助于确保动物在各种环境下获得充足的休息和保持正常的睡眠周期。

（1）能够获得足够的休息和睡眠时间　这一层面关注动物是否有足够的时间和机会来休息和睡眠。以下是一些评价指标和相关考虑。

①适当的休息时间：评估动物是否有足够的时间来休息和恢复体力，这对于工作动物和农场动物等需要付出体力劳动的动物而言特别重要。

②合适的休息设施：考察动物的住所是否提供了适合休息的环境，如合适的床铺、窝和遮阳设施等。

③工作和活动安排：对于工作动物和娱乐动物，评估其工作和活动时间是否允许它们获得足够的休息时间，以防止过度劳累。

④监测和记录睡眠时间：一些评价指标可能包括监测和记录动物的睡眠时间，以确保它们获得充足的休息。

（2）维护正常的睡眠周期　这一层面关注动物是否能够维持正常的生物钟和睡眠周期，以确保它们在适当的时间获得休息。以下是一些评价指标。

①光照和环境条件：评估动物的住所是否提供了适当的光照和环境条件，以帮助其维持正常的睡眠-觉醒周期。例如，在动物展示场所，应考虑日夜周期的模拟。

②社交和环境因素：评估动物是否受到过多的社交或环境干扰，这可能会扰乱其正常的睡眠模式。

③食物和饮水管理:确保动物在合适的时间获得食物和水,以帮助维护动物正常的生物钟和代谢。

④监测生物钟:一些研究和评估可能需要监测动物的生物钟和睡眠模式,以了解它们是否处于正常的状态。

综合来说,这些睡眠相关的评价指标有助于确保动物在人类使用和管理的环境中能够获得足够的休息和保持正常的睡眠周期。这些指标是动物福利评估的一部分,有助于改善动物的生活质量,减少它们可能遭受的痛苦和苦难,从而更好地维护动物的权益和福祉。

评价动物福利的目的是确保动物在人类的照顾下能够获得最佳的生活质量和幸福感,同时减少潜在的痛苦和苦难。评价动物福利需要综合考虑这些方面,以确保动物在生活中受到充分的照顾和尊重。世界各国的动物福利评价指标通常不完全相同,因为它们受到国家法律、文化、社会价值观和经济状况等多种因素的影响。虽然一些基本原则在全球范围内通用,但具体的评价指标和标准因国家而异。以下是一些国家或地区常见的动物福利评价指标和关注领域:欧盟制定了广泛的动物福利法规,包括禁止残酷对待动物、规定动物运输标准、规定养殖条件等。其指标涵盖动物的住房、运输、屠宰和养育等方面。美国的动物福利法规在联邦和州级层面都有,具体标准因州而异。美国关注的领域包括动物实验、宠物保护、农场动物福利等。英国有一套广泛的动物福利法律,包括《动物福利法》和《动物(科学程序)法》等,英国特别关注宠物和农场动物的福利。澳大利亚对农场动物福利有严格的法规,涵盖动物运输、宰杀、饲养和兽医护理等方面。加拿大也有一套动物福利法规,主要关注农场动物福利,如牛、猪和家禽等。新西兰的动物福利法规包括《动物福利法》和《饲养家畜的健康和福利法规》。新西兰关注家畜和野生动物的福利。日本有一系列动物保护法律,包括《动物福利与管理法》《动物保护管理法》《动物爱护管理法》等。日本关注宠物、农场动物和野生动物的动物福利。需要注意的是,不同国家的动物福利标准和法规可能会随时间发展而变化,以反映社会的价值观和科学进展。此外,国际组织如世界动物保护协会(World Animal Protection)也在促进全球动物福利标准的制定和实施方面发挥着重要作用。因此,动物福利评价指标在国际上已逐渐趋同(肖星星,2015)。

四、动物福利的评价体系

动物福利的评价体系是一种结构化的方法,用于评估动物的生活条件、待遇和福祉水平。这些体系旨在提供一种客观、科学的方法,以衡量和监测动物在不同环境中的福祉,以便改进对待动物的方式,减少动物的痛苦和苦难。国内外关于动物福利的评价体系有很多,下面展示几个极具代表性的评价体系。

1. 英国的“五项自由”体系

英国的“五项自由”体系是一个被广泛采用的动物福利评价体系，旨在评估家养动物（特别是伴侣动物）的权益和福祉（尤晓霖，2017）。这个体系强调以下五个关键自由：

（1）免受饥饿和口渴的自由　确保动物有足够的食物和水，以满足其生理需要。

（2）免受不适的自由　确保动物的生活环境足够舒适，可以提供遮阳、庇护和合适的温度。

（3）免受疼痛、伤害和疾病的自由　确保动物不受到虐待、伤害或患病，并提供必要的医疗护理。

（4）表现自然行为的自由　确保动物能够表现出其天生的行为和需求，如社交互动、活动和探索。

（5）免受恐惧和痛苦的自由　确保动物不受到恐吓、虐待或其他造成痛苦的行为。

2. 美国的“动物福利评分系统”

美国的动物福利评价体系中，动物福利评分系统用于评估动物的权益和福祉。该系统旨在为动物保护组织、动物收容所、农场和其他机构提供一种客观的、科学的方法，以确保动物得到适当的对待和关心。这个体系通常包括多个维度，如饲养条件、医疗护理、行为表现等，每个维度都被分配一个分数。这些分数综合起来，用于评估动物的整体福利水平（青立花，2008）。以下是美国动物福利评分系统的要点。

（1）综合性评估　动物福利评分系统是一个综合性工具，考虑了多个维度和因素，以评估动物的整体福利水平。这些维度包括饲养条件、医疗护理、行为表现、环境质量等。

（2）标准化指标　该系统使用一套标准化的指标和评估标准，以确保评估的一致性和客观性。这些指标基于科学研究和动物福利的最佳实践，涵盖各种动物类型，包括伴侣动物、农场动物、实验动物等。

（3）评分和等级　动物福利评分系统通常使用分数或等级来表示动物的福利水平。每个维度和指标都会被分配分数，然后这些分数被合并以确定整体得分。这种评分和等级系统有助于机构和组织了解动物福利的具体情况。

（4）动态监测　该系统鼓励定期的动态监测，以便随着时间的推移评估动物福利的变化。这有助于检测问题并采取纠正措施，以提高动物的生活条件。

（5）改进和教育　评估结果通常用于改进动物的生活条件和对待方式。机构和组织可以利用这些数据来识别问题并采取行动，同时也可以提供培训和教育，以提高员工和志愿者对动物福利的认识。

(6)促进透明度和公众参与　通过向公众公开评估结果,有助于提高透明度,并鼓励公众参与和监督动物福利问题。

(7)应用范围广泛　该系统可以应用于各种不同的场景,包括动物庇护所、动物园、养殖场、实验室等。不同类型的机构可以根据其需求和动物种类来使用这个体系。

美国的动物福利评分系统是一个重要的工具,有助于确保动物的权益和福祉得到充分的保护和关心。它提供了一个科学、客观和综合的方法,以监测和改进动物的生活条件,并有助于推动社会对待动物的方式的改进。

3. 部分欧美等国家的 3R 原则

欧美等国家纷纷建立了属于本国的较为健全的动物福利评价标准。具体以英国动物学家提出的动物试验中的 3R 原则为例。动物评价体系的 3R 原则是一组伦理和科学原则,旨在减少在科学研究和实验中对实验动物的使用,同时确保获得有效的数据。这些原则的名称来源于英语单词的首字母:替代(replacement)、减少(reduction)、改良(refinement)。以下是对这 3 个原则的详细阐述:

(1)替代(replacement)　替代原则旨在寻找替代实验方法,以取代对活体动物的使用。这包括探索使用体外实验、计算模型、细胞培养、仿真和计算机模拟等替代性方法,以尽量减少或避免对动物的实验。

使用细胞培养、人体志愿者或计算机模型来测试药物的毒性,而不是使用动物。替代的目标是降低对动物的实验数量,减少痛苦和不适,以及避免不必要的生命损失。

(2)减少(reduction)　减少原则关注的是在必须使用动物进行实验时,最大程度地减少使用动物的数量。这包括采取措施来优化实验设计,确保得到最大的信息价值,同时最小化使用动物的数量和对动物造成的痛苦。

使用统计学方法来确定所需的样本量,以确保具有统计意义的结果,同时减少实验动物的数量。减少的目标是在科学研究和实验中保持高质量的数据收集,同时减轻动物的痛苦和苦难。

(3)改良(refinement)　改良原则强调改进实验条件和程序,以提高实验动物的福祉。这包括优化动物的饲养环境、减轻痛苦、提供适当的医疗护理和监测,以确保动物受到最佳的对待。使用更舒适的动物住所、提供丰富的环境刺激和社交互动,以改善实验动物的福祉。改良的目标是在实验过程中最大限度地减轻动物的痛苦和不适,提高它们的生活质量。

综合来说,3R 原则在动物研究和实验中起到了重要的伦理和科学引导作用。这些原则的应用有助于保护动物权益,减少对动物的不必要伤害,提高科学研究的质量,同时也推动了替代性方法的发展,以降低对动物的依赖。它们在国际科学界中得到广泛认可并被列入法规,成为科学研究和实验中不可或缺的伦理指导原则(宁磊、吴祥林,2006)。

4. 国内动物福利评价体系

(1)中国的"农场动物福利评价体系" 中国制定了一套用于评估农场动物福利的体系。这个体系包括对动物的饲养条件、疾病防控、运输和屠宰等多个方面的评估标准。该体系旨在提高农场动物的福祉水平,确保它们在生产过程中得到合适的对待(孙忠超,2013)。

(2)动物园和野生动物保护区的评估标准 在中国,动物园和野生动物保护区也需要符合一定的评估标准,以确保园区中的动物获得适当的照顾。这些标准通常包括动物的栖息环境、饮食和医疗护理,以及教育和保育方面的活动。

国外和国内的动物福利评价体系旨在提供一种全面的方法,以确保动物的权益和福祉得到充分考虑和保护。它们通过明确的标准和指标,帮助监测和改进动物的生活条件,提高人们对动物福利问题的意识,并促进对待动物方式的改进。这些体系在不同的国家和地区可能有所不同,但都有助于推动动物福利问题的持续关注和改善。

第三章　动物福利与粮食安全

动物福利与粮食安全存在紧密的联系，动物福利在支持农业可持续发展、保障粮食安全和营养等方面具有重要作用，二者直接或间接地影响着彼此。

一、粮食安全

粮食安全对于人类的发展至关重要。习近平总书记在党的二十大报告中强调“构建多元化食物供给体系”“确保中国人的饭碗牢牢端在自己手中”，彰显了中国对“民以食为天”理念的重视。粮食安全不仅关乎国家命运和民生，也是国家安全的重要基石，是治国安邦的首要任务，始终是关系国民经济发展、社会稳定和国家自主发展的重要议题。为保障粮食安全，必须采取一系列重要措施，从加强合作、推动改革，到强化监管、促进创新等方面。只有通过协同努力，方能实现全球经济的可持续发展。

1. 粮食

粮食的定义因历史时期和国家的不同而有所差异。根据联合国粮食及农业组织的界定，粮食指的是一切可供食用的食品或食物。从统计结果来看，涵盖谷物及其制品、块根、糖料、豆类、坚果、油料、水果、动植物等 20 个大类。谷物这一类别包括小麦、稻谷等 17 种谷物产品。

2. 粮食安全

粮食安全是一个动态的概念，其含义在不同国家、地区和时期有所不同。从国际和国内的角度来看，粮食安全的含义可以总结为 2 个主要方面。

(1)国际粮食安全的界定　粮食安全这一概念首次于 1974 年在罗马召开的世界粮食大会上提出，内容是指“粮食安全是人类基本的生存权利”。1983 年，联合国粮食及农业组织对粮食安全进行重新界定，进一步丰富了其含义，即“能够购买到充足的食物并负担得起”。随后，联合国粮食及农业组织于 1996 年重新诠释了粮食安全的定义，即“任何人在任何时候都能够获得充足、安全、富有营养的食物，以保持健康和充满活力的生活”。2011 年，联合国粮食及农业组织进一步将粮食安全定义为“任何人在任何时候从物质、社会和经济途径获得充足、安全、富有营养的食物，以满足其膳食需求和饮食偏好，维持健康、充满活力的生活”。

(2)国内粮食安全的界定　在国际粮食安全的基础上，国内学者对粮食安全的概念进行了一系列的界定和研究。一些学者从宏观的粮食供给和粮食保障的角度界定粮食安全的概念。例如，钟甫宁认为粮食安全是指“任何时候、任何人都能够获得足够、安全、营养丰富的食物，并负担得起，以满足他们积极生活的需求和对食物的偏好”。朱泽认为粮食安全是指国家在工业化进程中，能够满足人民日益增长的粮食需求并抵御各种不测事件的能力。田建民认为粮食安全包括数量、质量以及生态安全 3 个层面，在保障充足食物供应的基础上，还应谋求全面营养、合理结构和卫生健康等方面的安全保障。

3. 粮食质量安全

粮食质量安全是粮食安全的重要部分。2023 年 8 月 30 日，十四届全国人大常委会第五次会议举行联组会议审议国务院关于确保国家粮食安全工作情况的报告并开展专题询问。针对“国务院下一步将如何通过进一步制定和完善政策，为全方位夯实粮食安全根基提供保障”这一问题，刘国中强调要牢记粮食安全这一“国之大者”，加强统筹协调，完善政策体系。刘国中同时表示，将积极配合全国人大及其常委会推进相关立法，制定实施好粮食安全保障法、耕地保护法等法律，不断强化粮食安全的法治保障。

会议提到，保障粮食安全的重要部分，就是保障粮食质量安全，让人民吃得饱、吃得好、吃得放心。为做好相关考核工作，国家发展改革委会同有关部门组织各省(区、市)签订了耕地保护和粮食安全责任书，成立了国家耕地保护和粮食安全考核工作组，制定了工作规则和考核评分细则。下一步将提高考核工作质量，强化考核结果应用，注重推动发现问题整改，形成考核工作闭环。

保障粮食质量安全是重要民生期盼，全国人大常委会委员丛斌围绕粮食质量安全等问题提问：如何在粮食生产的整个链条中确保粮食安全？农业农村部部长唐仁健表示，农业农村部将在保障粮食数量的基础上，加大政策支持，强化科技创新，加强指导服务，着力推进粮食品种培优、品质提升、品牌打造和标准化生产，增加绿色优质粮食供给。郑栅洁补充说，强化粮食质量安全管理，以及下一步要重点开展的工作包括：健全粮食质量安全保障体系，持续完善粮食标准体系，强化全链条粮食质量安全管控，构建多层次检验监测体系，以更大力度抓好粮食质量安全，让人民吃得饱、吃得好、吃得放心。目前，《粮食质量安全监管办法》已经于 2023 年 7 月 11 日第三次委务会议审议通过。

二、动物福利与粮食安全

在欧盟的推动下，全球范围内对食用动物福利的关注越来越高，动物福利已经是立法和标准制定的重要议题之一，并有可能成为动物及其产品国际贸易的壁垒因素。西方发达国家逐步对与动物福利相关的产品实施商标规范化，将动物福利作为进口动物及动物产品的重要标准。世界贸易组织（WTO）规则虽然没有明确动物福利可成为限制贸易的理由，但WOAH标准是WTO认可的动物和动物产品国际贸易相关的国际标准，而动物福利是WOAH近年来积极推行的一项重要工作。现阶段，我国在动物福利的认识和实践上，与西方发达国家仍有差距。

联合国粮食及农业组织驻中国和朝鲜代表马文森2019年在世界农场动物福利大会上引用甘地的名言："一个民族的伟大之处和它道德的进步，可以通过它如何对待动物来衡量。"中国农业国际合作促进会会长翟虎渠在同一次会议上指出，动物福利是人类社会文明进步的标志，也是人类福利整体水平提升的象征，关系到一个国家的国际声誉。农场动物福利与人类健康密切相关，越来越多的消费者认可动物福利产品所承载的健康优质理念，终端需求的推动将极大促进动物福利全产业链的发展。

放眼全球，动物福利在现代社会发展中已经成为不可忽视的重要议题。它涉及食品安全与粮食保障、人类与动物健康、环境与生态平衡、可持续发展等多个领域。动物福利已经成为联合国粮食及农业组织解决全球粮食不安全和营养不良问题的核心方法之一。联合国粮食及农业组织深信，提升动物福利水平是改善畜牧业和保证粮食质量安全的重要途径，动物福利问题已经成为全球畜牧系统发展的首要议程。

动物福利不仅被视为整体"食品质量概念"中的重要组成部分，如今社会对动物福利与粮食安全的紧密关系有了更加深刻的认识。食物的生产和消费不仅对我们所食用的食物质量起着重要作用，而且还将在提高数百万农场动物福利方面发挥重要作用。

三、粮食安全对动物福利的影响

中国科学院动物研究所研究员蒋志刚提到，动物福利概念由5个基本要素组成：生理福利，即无饥渴之忧虑；环境福利，也就是要让动物有适当的居所；卫生福利，主要是减少动物的伤病；行为福利，应保证动物表达天性的自由；心理福利，即减少动物恐惧和焦虑的心情。而最基础的生理福利的重要保障条件，就是粮食安全。粮食安全确保了充足的饲料供应，也关乎饲料的质量和安全性。如果饲料供应不足，动物可能面临饥饿和营养不良的风险，导致生长受限、免疫力下降等问题；如果饲料质量不达标，可能含有有害物质或缺乏必要的营养成分，对动物的健康造成负面影响。可以看出，粮食安全的保障对动物福利至关重要。充足、优质的饲料供应可以提高动物的福利水平，保障其生长和健康。饲料是动物福利的重要组成部分，也是食品安全和质量的重要组成部分。粮食安全的内涵已经从口粮安全层次上升到整个食物系统安全与营养安全的新高度，以饲料粮为代表的粮食结构安全问题引发广泛关注。

1. 饲料安全

肉类消费量的快速增长刺激了畜禽养殖产业的发展，进一步导致中国饲料粮需求呈“刚性”增长态势。2010 年中国取代美国成为最大的饲料粮消费国家，2014 年约有 1/3 的粮食用于饲养牲畜。目前中国饲料粮供求缺口已较明显，大豆、玉米等主要饲料原粮进口规模逐年扩大，2015 年大豆、玉米进口量分别达到 8 169 万 t 和 473 万 t，较上年增长 14.4%和 82%；此外还进口了大量的豆粕、酒糟等饲料粮的替代品。国内口粮消费趋于稳定，饲料用粮需求已成为粮食需求增长的主要动因，供给与需求的深刻变化对粮食安全形成巨大冲击，尤其是饮食、营养结构的变化促使中国关注焦点从“粮食安全”转变为“饲料安全”。

2. 饲料质量安全

饲料的不足会导致动物饥饿，但对于以动物本身及其副产物牟利的养殖者来说，饲料不足的状况很难出现。更多的是由于成本而使用不健康、不营养的便宜饲料来实现高盈利与低成本。其中较为常见的是营养指标如粗蛋白、粗纤维、粗灰分、粗脂肪等成分含量太低甚至不达标；卫生指标如铅、砷、汞、镉、黄曲霉毒素及有害微生物超标；甚至出现了在饲料中使用违禁药物等。

如 Braude(1967)发现在口粮中添加高剂量铜(125～250 mg/kg)可明显提高猪的生产性能之后，高铜在生产中得到广泛应用。但部分饲料产品中铜的添加量达到或超过猪的最小中毒剂量，导致猪产生中毒症状。

动物福利的基本原则是保证动物康乐。从理论上讲，动物康乐的标准是对动物需求的满足。动物的需求分为 3 个方面：维持生命需要、维持健康需要及维持舒适需要。这 3 个方面的条件决定了动物的生活质量。为了收益，前两者一般而言都会被生产管理者满足，但第三个方面在实践中却常常被忽视。而饲料安全问题对这 3 个方面的需求都有重要意义。

四、动物福利对粮食安全的影响

粮食安全的重要组成部分是粮食的质量安全，而动物本身的健康状况与它最后成为的农产品的质量息息相关。

动物的健康状况是其福利状况的主要因素。显然，患有病理问题的动物，无论是由于什么原因引起的，它的福利程度都非常差劲。比如，肉鸡的快速生长引起的病理问题(腹水和胫骨软骨发育不良等)是最严重的福利问题之一(Broom，2009)。

动物健康和动物福利并非是同义词，因为福利不良的动物并不一定有健康问题。但研究表明，无论是由于什么原因导致的长期福利不良，往往都会增加疾病的发生；而高水平的福利则可以帮助个体抵抗疾病。

很明显，动物福利的差劲会影响动物的健康状况，从而进一步影响粮食安全。这是动物福利影响粮食安全的最重要途径之一。尤其在食品行业，动物福利与食品质量密不可分，其重要性无可置疑。例如，不良的动物福利条件，如恐惧与压迫，不仅会影响肉类质地与水分含量，还可能导致淤血、骨折、血斑和异常蛋壳的发生率增加。目前，越来越多的人开始关注和重视动物福利与粮食安全之间的紧密联系，这将引领我们走向更加可持续的未来。

通常，消费者在购买食品时会考虑动物福利，因为他们直观地认为它与健康和安全的食品有某种联系。科学支持这一观点的数据很少，不仅因为是在这个领域缺乏研究，动物福利的多维性也使直接建立这种关联变得十分困难。

Boyle(2011)指出，动物福利面临诸多问题，包括压力引发的免疫抑制、食源性病原体的传播和基因改造对食品健康与安全的潜在影响。现在，有机农业的兴起带来了新的动物福利和食品安全挑战，如动物健康安全问题、人畜共患病的普遍性问题及食品毒性残留物存在的问题。他认为，动物福利的以下几个方面会对粮食安全造成巨大的影响。

1. 动物压力过大导致的粮食安全程度下降

压力，在农场动物中，包括断奶、混养、过度拥挤、运输和约束等。动物的福利或其应对环境的成功取决于动物对特定压力因素的适当反应能力。如果压力因素过于严重或过于长时间，以至于动物的生理系统开始进行反射调节时，动物的生理系统中的资源分配便成了应激状态。生理系统并不再依照正常而稳定的规律运转。本来各得其所的资源从本应归置的生物功能中被极端地转移到其他功能，动物就进入了一种病理前状态。在这种病理前状态下，动物更容易患病，繁殖能力受损，新陈代谢效率也变得低下，从而损害了动物福利。压力反应始于中枢神经系统(CNS)对压力因素的感知，以及压力因素在大脑和外周器官之间的双向通信。由于这种交叉通信，压力可以直接影响器官功能，身体器官内的生理变化也可以直接影响中枢神经系统。这些生理变化的特征是交感肾上腺髓质轴和下丘脑-垂体-肾上腺轴的激活。这些轴的激活导致糖皮质激素(如皮质醇)和儿茶酚胺应激激素(肾上腺素和去甲肾上腺素)的全身升高。

动物对压力的反应主要表现在将不良福利转化为不良健康，并因此导致食品安全问题。压力一般用来描述心理上感到不良情绪(如恐惧或焦虑)的过程，也指身体上或生理上遭受的有强烈负面心理影响的经历(如电击、热应激等)。而压力因素则是引起动物福利问题的重要刺激物。

部分研究表明，当动物压力过大的时候，动物的健康状况会显著变差，这具体表现在 2 个方面。第一，压力过大会引起动物的免疫抑制和食源性病原体增殖，进一步导致感染性疾病；第二，压力过大会导致动物的寿命出现显著降低，体重同样难以提升。

压力反应通过许多复杂的途径调节，产生的激素产物进一步影响免疫系统和疾病感染，这使得压力的影响很难得到概括。不过，这也解释了为什么虽然有许多例子能够表明压力因素影响农场动物的免疫功能，但很少有足够明显的例子能够证明压力诱导的免疫抑制能够显著导致农场动物疾病或疾病发病率增加，一个例外是运输和牛的呼吸道疾病综合征。有人回顾了与运输相关的环境挑战如何激活生理应对机制，调节免疫系统的不同方面，从而增加呼吸道疾病的发病率。显然，引起动物生理应对机制和导致福利不良的压力因素会改变它们的健康状况。在大多数农场动物中过度饲养会导致福利问题和易感染疾病的增加。例如，研究发现每个圈舍中的猪数量增加会增加呼吸道病原体血清阳性的风险。相反，与奶牛获得牧场和运动相关的管理系统以及动物福利的改善也与健康的改善相关。

研究表明，动物福利的不足，尤其是压力的影响会导致病原体如沙门氏菌、大肠杆菌和弯曲菌等在动物体内大量堆积，这对食品安全构成重大威胁。在猪身上，断奶应激和混养所带来的压力可能导致沙门氏菌和大肠杆菌 O157：H7 的定植和粪便排放增加。鸡的强制换羽由于能够人为提高商业中蛋和肉禽的产量，在美国广泛使用，但这实际上是一种非常极端的食物剥夺措施，由此可能导致较突出的福利问题。这种做法不仅给禽类带来巨大的压力，还大大增加了鸡肠道内沙门氏菌的数量。更为可怕的是，沙门氏菌能够通过粪便传播，而很显然，采用强制换羽手段的许多养鸡场并不会考虑鸡的环境福利，也不会勤加清理粪便，这就使感染的母鸡越来越多。

欧盟并不实行强制换羽，而且在屠宰前大多数养鸡场会依照规定来清理动物肠道中的病原体和内容物，以减少尸体被污染的机会，但即便如此，这些病原体对食品安全也会造成影响。研究表明，人类对于这些病原体的抵抗力和动物相差无几，即使是低数量的 O157：H7 型大肠杆菌，它们通过动物的粪便传播进入人类食物链，也会导致人类感染，这甚至是人类感染的主要途径。屠宰后，对尸体的统一抗菌处理，以及屠宰厂的 HACCP 政策这些措施都可以显著减少尸体的污染，但最好的方法还是预防。如果能够抑制这些病原体的出现与繁殖，从源头上消除病原体传播的可能性，人类感染的概率将会大大降低。

为了减少病原体在动物体内的增殖与残留，许多农场采用了医疗措施。出于对成本问题与生产效率的考虑，部分农场使用抗生素药物进行治疗。现阶段，随意、盲目使用抗生素的问题尤为严重，尤其是无指征用药，不仅预防用药超量等问题仍然存在，部分养殖户更是仅凭经验用药。长期过量使用抗生素的问题普遍存在，这与养殖户认知偏差有着直接关系。部分农户为追求快速见效，甚至将药量提高了2倍不止。水产养殖中，抗生素往往过量使用，抗生素投加后，超过75%的原药和代谢物进入水体，并在底泥中蓄积。来自世界农化网的数据显示，2020年我国农用抗生素产量达到23.14万t，较上年增加0.36万t，同比增长1.58%；销量达到22.92万t，同比增长1.6%；市场规模升至218亿元，同比增长2.35%。

抗生素在畜禽体内只能吸收20%～25%，大部分仍然残留于畜禽体内，随畜禽被加工后又供人类食用。部分抗生素在畜禽产品残留后可经加热处理而失活，但有的抗生素如链霉素及新霉素等的稳定性较强，不易受温度等外界环境的影响。这些抗生素极其可能导致无法预料的过敏等问题。青霉素及磺胺类药物轻则表现接触性皮炎等皮肤反应，重则可能导致过敏性休克，而β受体抑制剂残留的食物则会导致心律失常患者的症状加重。此外，抗生素污染可能致畸、致癌、致突变，链霉素的致畸作用、喹恶啉的致癌作用以及喹诺酮的致突变作用都是临床上常见的急性或慢性重度病例。

除此之外，抗生素导致的耐药性细菌或微生物也会随着食物链在人类体内富集。经相关统计，每年有大约70万人死于超级细菌感染或耐药性微生物感染。目前，为了减缓耐药性的发展，欧盟和一些其他国家限制了饲料中抗微生物药物的使用以促进生长和提高饲料效率。但是生产实践表明，兽用抗菌药是养殖过程中不可或缺的投入品，欧美等发达国家和地区也普遍使用。抗生素的使用是难以避免，但可以减弱影响的。

当前兽用抗菌药市场秩序不够规范、饲料生产和养殖环节用药不尽合理、执行休药期规定不够严、安全用药意识不够强等问题突出，兽药残留监控和动物源细菌耐药性防控体系还比较薄弱，养殖环节兽药残留超标风险和细菌耐药风险形势依然严峻。对此，农业农村部等部门高度重视，严格落实“四个最严”监管，坚持“产出来、管出来”两手抓、两手硬，多措并举，努力保障人民群众“舌尖上的安全”。这些措施结合监测计划、谨慎使用指南和教育宣传活动，不仅可以保障动物福利，还可以提供降低抗微生物药物耐药性进一步发展的方法。

2. 动物转基因导致的粮食安全程度下降

1982年转基因鼠问世以来，动物转基因研究在疾病型转基因动物、转基因动物制药、改良型动物、基础生物学研究等领域都取得了突破性进展，在转基因畜禽和生物反应器产业方面发展尤为迅速。

例如，饮食中脂肪过多对人体健康的负面影响是众所周知的，但当前肉畜基因的选择方向很明显偏向于体重更重而脂肪含量更高的动物。当然，这可以由消费者自行选择来避免。同时，高产奶的奶牛在泌乳期内，体内的能量调控系统可能会失衡，因为它们会将能量分配给乳品生产而不是储备。这些奶牛不仅会丧失大量体重，而且更容易患与生产相关的疾病，同时产出的牛奶中饱和脂肪的比例更高。前者是福利问题，后者则对乳品的健康性产生负面影响，因为较高的饱和脂肪摄入明显不利于人体健康。

在这之外，基因的不确定性可能会导致其他问题。某些转基因动物表现的一些特征可能导致一些外源化学物质累积，例如，兽药残留，重金属积累等。这些外源化学物质累积在转基因动物体内可能会通过改变人类病原菌通道，或者和新的产毒生物共生等方式，进一步影响粮食安全。

国务院于 2001 年 5 月 23 日开始施行《农业转基因生物安全管理条例》，对农业转基因生物安全评价制度、生产许可制度、经营许可制度、产品标识制度、进出口审批制度和监督检查制度作出了相应规范。农业部于 2002 年 1 月 5 日，以第 8、9、10 号令发布了《农业转基因生物安全评价管理办法》《农业转基因生物进口安全管理办法》《农业转基因生物标识管理办法》3 个配套规章。2011 年，国内农业转基因生物安全管理法规体系已基本建成。2016 年 5 月 23 日农业部又审查批准了《农业转基因生物安全管理通用要求　实验室》等 10 项标准(中华人民共和国农业部公告第 2406 号)，2022 年农业农村部又制定出台了《农业用基因编辑植物安全评价指南(试行)》，国内农业转基因生物安全管理相关法规体系日趋完善。

五、解决措施

针对抗生素残留等问题，有机农产品正在逐步走上历史舞台。对消费者而言，有机农产品的主要优点是通过减少化学品(药物、杀虫剂和化肥)的使用，来减少对环境和人类健康的危害。公众也同样认为，有机农业改善了动物福利，这些感知到的动物福利是激励消费者购买有机产品的一个重要因素。在有机农业中，动物们享受的是不受限制的环境：宽松的住所、自由活动空间、能够进出户外区域、稻草垫层或牧场。这些确实促使动物享有更多的行为自由，并改善了一部分动物福利，但动物也与环境(土壤、水、野生动物等)有更密切的接触。这是动物健康安全、人畜共患疾病的流行和食品中有毒残留物的存在等方面的一个风险因素。

不同国家针对该状况的政策与措施有所不同。以美国为例，转基因研发工作起步较早，转基因技术产品在美国有 30 余年的商业化历史，已经建立了较为完备的管理制度。1976 年，美国国立卫生研究院制定了《重组 DNA 分子研究准则》。1986 年 6 月，白宫科技政策办公室正式颁布了《生物技术监管协调框架》，确定了基于产品而非过程、不专门立法(即在现有法律框架下制定实施法规)、三部门监管的基本工作框架。美国食品与药物管理局(FDA)会根据《联邦食品、药品和化妆品法案》和《公共卫生服务法案》授予的权力来管理包括生物技术产品在内的产品，确定食品和动物饲料中允许的农药残留限度或残留免除。FDA 还有权依据《国家环境政策法》评估“重要活动”，如某一生物技术产品的批准对环境安全的影响。

2017 年 1 月，美国发布更新的《生物技术监管协调框架》，根据生物技术产业的新发展与技术的创新应用，在基本原则不变下实现监管的现代化，明确了各机构所管理的具体产品领域及其职责，强调通过组建正式或临时的跨部门工作组以及签订谅解备忘等形式实现部门之间的协调与配合等。除此之外，美国农业部下属的食品安全检验局（Food Safety and Inspection Service，FSIS）负责确保美国的肉类、家禽和蛋制品（包含转基因动物及其产品）的商业供应安全、卫生、标记和包装。多维度的完善管理框架让美国的粮食安全与动物福利监管体系取得了较大的成果。

六、本章小结

在欧盟的推动下，全球范围内对动物福利的关注越来越高，动物福利已经是立法和标准制定的重要议题之一，并有可能成为动物及其产品国际贸易的壁垒因素。西方发达国家逐步对与动物福利相关的产品实施商标规范化，将动物福利作为进口动物及动物产品的重要标准。WTO 规则虽然没有明确动物福利可成为限制贸易的理由，但 WOAH 标准是 WTO 认可的动物和动物产品国际贸易相关的国际标准，而动物福利是 WOAH 近年来积极推行的一项重要工作。现阶段，我国在动物福利的认识和实践上，与西方发达国家仍有差距。

尽管动物福利与食品安全之间存在明显的联系，但这种联系并不是单向的。大多数动物仍然在传统系统中饲养，心理和身体压力等原因共同导致了与食品安全相关的各种问题，本章中已有相关例证。同样，良好动物福利与更安全、更健康的食品之间的积极关系几乎是一致的。虽然过去的经验表明，消费者对食品安全风险和环境威胁的零容忍态度常使动物福利被优先牺牲，但二者同等重要，动物福利与粮食安全问题对现在的农食系统的完善乃至可持续发展都有重要意义。

第四章　动物福利与环境保护

高福利牲畜管理实践可更加有效地使用土地和水资源，提升环境保护水平和生物多样性，帮助人类应对气候变化与污染。好的环境也会提高动物福利。

一、环境保护

环境保护是在个人、组织或政府层面，为大自然和人类福祉而保护自然环境的行为。由于工业发展导致环境污染问题严重，损害生态环境，部分更达到无法挽回的地步，引起各工业化国家对环境的重视，继而利用国家法律法规去规范和处理污染问题，并做出宣传使全社会注意污染对环境的深远影响。

环境保护的目标是在人类活动与自然环境之间建立平衡，以确保可持续发展。它涉及保护自然资源，如土壤、水源、空气、森林、海洋和野生动植物等；也关注减少环境污染，如空气污染、水污染、土壤污染和噪声污染等。此外，环境保护还涉及应对气候变化和减少温室气体排放，以减缓全球变暖和气候灾难的影响等问题。总之，环境保护旨在保护和维护自然环境，以确保生物多样性、可持续利用自然资源、减少污染和应对气候变化，以促进人类和其他生物的生存和福祉。

在当前的社会大背景下，环境保护问题已经逐渐成为国际社会共同关注的重要议题。文献表明，当前，地球所面临的环境问题十分严峻，如不合理的开发利用造成的生态破坏、城市与工农业高度开发导致的环境污染、过度发展造成的资源短缺，和日益增加的极端气候导致的生物多样性加速下降问题等。近一个世纪以来，人类为了谋求工业迅速发展而大量使用矿物燃料（如煤、石油等），排放出大量的 CO_2 等多种温室气体和废气，导致全球气候变暖、臭氧层的破坏和臭氧空洞的出现。同时，人类大规模地砍伐森林，据世界资源研究所对现有原始森林的风险评估，工业采伐已成为原始森林最大的威胁，影响着 70%以上的濒危森林。此外，还有酸雨、土地荒漠化、大气污染等问题存在。

当前，环境问题已演变为一个涉及经济、政治、社会、文化和科技等多个层面的复杂全球议题。其核心问题在于发展路径、经济结构、增长方式和消费模式，体现了人与自然、人与人、经济与环境之间利益冲突的结果。可以说，人类环境保护历史的进程就是正确认知和处理环境与经济关系的过程。经济发展和环境保护的实践一再证明，单纯追求环境保护而抛离经济发展是徒劳的，而放弃环境保护只追求经济发展则是短视的。只有坚持可持续发展的道路，我们才能实现经济效益、社会效益和环境效益的三赢局面。

1992 年联合国环境与发展大会正式确立可持续发展理念，充分体现了人类在解决环境问题的进程中，对环境与发展关系的认识不断深化。2002 年可持续发展世界首脑会议进一步提出了经济发展、社会进步和环境保护是可持续发展的三大支柱。2019 年，习近平总书记向首届可持续发展论坛致贺信，指出中国秉持创新、协调、绿色、开放、共享的发展理念，推动中国经济高质量发展，全面深入落实2030 年可持续发展议程。目前，我国正处于工业化中后期和城镇化加速发展的阶段，资源能源消耗居高不下，环境总体恶化趋势尚未得到根本扭转，发展中不平衡、不协调、不可持续问题依然突出。我们必须进一步加大环境保护力度，努力破解资源环境瓶颈制约，切实降低资源环境代价。

二、环境保护与动物福利的关系

动物作为生态环境的一部分，生活在环境中并参与整个生态系统的循环，显然与环境息息相关。环境福利是动物福利中相当重要的一部分，当动物进行正常的生理活动时，它便不可避免地与外界环境产生物质交换，这也就表明环境对动物的影响是持久而稳定存在的。同样，动物所排出的物质也在不断影响着整个环境，二者之间又存在许多冲突与矛盾。

动物福利水平低下的养殖企业，往往不注重养殖环境的管理，不仅让动物遭受极大的痛苦，而且也会在卫生、排污等方面污染周围的环境，包括空气、水体等。重视农场动物福利，保障良好的养殖环境，对动物、从业人员的健康和周围环境的保护都有积极作用。而周边环境过于恶劣的地区，不仅环境保护缺乏，还会导致动物患病，降低动物福利，甚至导致动物死亡乃至灭绝。但是，还有一些时刻，如果需要维系动物养殖环境，就势必要对周边环境造成破坏，而有些时刻为了保护环境，也会对动物施加一些并不符合动物福利的举措。如用更环保有机的饲料更换禽类原本更美味的口粮等。

目前，如何平衡环境保护与动物福利已经成为相当重要的议题。环境保护和动物福利在现代食品生产系统中，都是消费者的重要关注点。

三、环境保护对动物福利的影响

当前环境恶化，动物的生存环境不可避免地受到了影响，无论是养殖动物还是野生动物，其福利状况与环境的改变密切相关。

如随着气体污染物或粒状污染物的排放与矿物燃料燃烧产生的硫氧化物、氮氧化物以及相关盐类的排放而日益严重的酸性沉降现象，即 pH 小于 5.6 的雨、雪、雾、雹等大气降水。无论是野生动物还是养殖动物，或多或少都会与其接触，并受到危害。Miyoko Chu 和 Stefan Hames 进行的一项研究表明，画眉的雌鸟需要更多的钙来使卵凝固，因此它们依赖蜗牛等富含钙的食物。但在酸雨地区，蜗牛种群消失，进一步导致了鸟类的卵缺陷。Thomas Wolosz 称，普通的湖泊可能是 9～16 种浮游动物的家，但酸性湖泊仅保留 1～7 种浮游动物。pH 低的水还会对鱼类造成损害，并导致鱼类胚胎死亡。大气污染是由于人类活动或自然过程引起某些物质进入大气中，呈现出足够的浓度，达到足够的时间，并因此危害了人体的舒适、健康和福祉或环境的现象。

同时存在的大气污染的危害性也同样是多方面的，在大气污染的荼毒下，动物寿命逐渐缩短，各类呼吸道疾病病例随着大气污染的日趋严重与日俱增。除此之外，大气污染物，尤其是二氧化硫、氟化物等对植物的危害十分严重，可直接缩短植物寿命甚至导致植物死亡，这又进一步导致了某些动物的食物缺乏，进而导致动物福利降低。

号召环境保护，也是在为动物谋求更好的环境福利，构造更为健康安全的生活环境。但环境保护的政策与动物福利之间仍不可避免地存在着冲突。在某些情况下，这些标准可以同时促进这两个方面，但在某些情况下，这种影响也可能是负面的，从而导致二者之间出现非此即彼的冲突。比如，欧盟减少了猪舍中全栅栏地板的使用，优化了动物生活环境，提升了动物福利，然而栅栏地板可以减少猪舍中的氨排放，有利于环境保护。在加拿大，一些地区限制放牧牛接触自然水源，以防止水源污染。这可能限制牛接触新鲜、干净的饮用水和遮阳(因为树木通常靠近溪流)，从而降低动物福利。

四、动物福利对环境保护的影响

畜牧业作为在国民经济中占据重要地位的生产部门，其迅速发展与 GDP 相关性强。尤其是在中国，缺乏西欧平坦肥沃、水草充沛的自然环境，肉类作为较为昂贵的食物，某种程度上与居民的经济水平、生活水平相挂钩。随着中国目前经济水平不断提高，经济总量不断上升，国民收入持续升高，居民生活水平也日渐提高。改革开放以来，畜牧业一直稳定发展，畜禽的饲养量，畜牧业产品产量，人均占有量等都有明显提升，我国对于肉类的需求也在升高。

1. 动物产生的排泄物与废气对环境的影响

随着畜牧业的发展，相应产生的废弃物进一步增多。在保障动物正常福利的情况下，排放到自然中的废弃物对环境的破坏作用也较为显著。畜禽排出的粪便与尿液等排泄物中含有大量的高浓度有机物以及病原微生物，有的排泄物中还包括大量的重金属以及氮、磷化合物等，通常情况下，养殖人员并不会对畜禽的排泄物进行特殊净化处理。这些未经特殊处理的排泄物，为了维持动物生存环境的稳定，一般会经过雨水冲刷和人工作用而流入当前养殖区域周围的河流、湖泊等水域之中，渗入地下水系统，直到对水体造成污染。排泄物中含有的大量有机物会导致水体自身自净能力逐渐削弱甚至消失，水质迅速恶化。除此之外，被微生物分解的有机物会导致水体内部的水生生物快速生长，并且在短时间内大规模蔓延，进而导致水体富营养化问题的出现。当水中溶氧消耗殆尽时，水中的生物就会大量死亡，水体也会产生颜色和气味上的变化。

目前我国奶牛养殖过程中所产生的排泄物以及饲料的总重量已经接近 18 亿 t，猪场养殖所产生的排泄物以及用水问题也在不断增加，给环境带来挑战。根据相关数据分析，如果养猪场使用水冲洗的方式清理排泄物，每头猪每天的排污量大约为 30 kg，一个规模为 1 000 头猪的养猪场，每天的排污总量将达上万吨。此外，我国目前的水产养殖模式仍然采用传统的鱼塘养殖方式，这导致鸭鹅等水禽的排泄物通常滞留在鱼塘中，对周围鱼塘内其他水生生物的生长和鱼塘水质产生严重负面影响。

另外，动物每天产生的氨气也是导致温室效应的重要因素。根据联合国粮食及农业组织（FAO）的报告，畜牧业每年排放的甲烷含量相当于 1.44 亿 t 石油中的甲烷含量，足以为整个南美洲提供电力。畜牧业排放的温室气体中，45%来自饲料生产和加工过程，39%来自动物排放的气体，10%来自粪肥腐解，剩余的部分来自动物产品的加工和运输。当未经无害化处理的畜禽排泄物进入土壤时，土壤中的微生物会对有机物进行分解，其中一部分被植物吸收和利用，另一部分用于土壤净化和改善。尽管有机物对土壤和植物有积极作用，但这种作用是建立在有机物含量不超过土壤和植物自身净化能力的基础上的。如果排泄物中的有机物含量超过土壤的净化能力，就可能导致有机物降解不完全，甚至引发厌氧发酵等问题，最终导致土壤成分和性质发生变化，失去种植和其他用途的功能。

此外，排泄物中的大量微生物、铜和铁等物质进入土壤，可能导致土壤内部相应物质比例失衡，进而破坏或改变土壤结构，影响人类和畜禽动物的健康。

随着近年来人民群众生活水平的不断提升，人们对肉类食品需求量和购买量不断增加，这就导致养殖业的规模进一步扩大，从而导致每日的排泄物与废气产生的总量随之增加。大量的污染物以及粪便中的多余有机物流入周围水体和大气系统之中，对周围环境造成严重的破坏和负面影响。

2. 动物消耗的资源对环境的影响

动物福利的保障需要大量的空间作为依托。世界上现有的适宜畜牧的土地是有限的资源，但人类对于畜牧业的消费需求仍在不断增高，进而导致畜牧业需要的饲料量也进一步提高。这不仅导致了水资源的短缺，还间接导致了森林的过度砍伐。地球的淡水资源只占水含量的 2.5%。而这些淡水资源有近 80%是分布在南北两极以及高山地区的固态冰川水，无法直接挪用。在所有可供使用的淡水中，工业用水与生活用水一共占比 30%，农业用水占比 70%。根据联合国粮食及农业组织的估计，畜牧业消耗了灌溉水源的 60%。据央视统计，每生产 1 kg 鸡蛋需要水 3 300 L；每生产 1 kg 鸡肉需要水 3 900 L；每生产 1 kg 猪肉需要水 4 800 L；每生产 1 kg 奶酪需要水高达 5 000 L；最令人惊讶的是，每生产 1 kg 牛肉则需要水 15 500 L。与此同时，动物也同时不断污染着水资源。这对环境保护来说是一大难题，也是必须解决的问题。

在保证畜牧业的空间利用率时，难以保证动物福利，但目前地球上的陆地面积仅约 130 亿 hm^2。为了更多的可利用土地与木材，人类开始不断砍伐森林。8 000 年前地球上大约有 61 亿 hm^2 森林，近 1/2 的陆地被森林覆盖。截至 2019 年，全球森林存量面积为 38.25 亿 hm^2，预计到 2025 年这个数值将降至 38.15 亿 hm^2。世界上每年都有 1 130～2 000 hm^2 的森林遭到无法挽救的破坏，特别是热带雨林。

3. 动物残留的抗生素对环境的影响

动物抗生素的滥用也会导致环境的恶化。抗生素进入水体后，对植物的生长发育有显著影响。已有研究报道，高浓度抗生素会显著抑制植物生长。研究发现，抗生素会诱导活性氧大量产生，致使膜脂过氧化，破坏细胞膜，导致藻类细胞代谢紊乱甚至死亡。魏瑞成等以油菜为材料，采用保湿培养法研究了磺胺甲恶唑、四环素、诺氟沙星 3 种抗生素在不同浓度下对油菜种子发芽率、发芽势及培根生长的影响，发现抗生素低浓度条件下可促进种子发芽，高浓度条件下会产生抑制作用。并且，水体中残留的抗生素会在水生动物体内蓄积，引发毒性效应，影响动物的正常发育，对机体造成伤害。如四环素对鱼体内的脱氧核糖核酸(DNA)造成的显著损害，明显抑制了生物体内的酶活性。水体中有很多有益微生物，如光合细菌、硝化细菌等对维持水环境稳定起到关键作用；乳酸杆菌、酵母菌等可以帮助水生动物新陈代谢，抑制肠道致病菌。在使用抗生素防治水产动物细菌性疾病的同时，可能会杀死有益微生物，对微生物群落结构和功能造成极大冲击，进而导致环境恶化的加剧。

4. 粮食安全、动物福利与环境保护

粮食安全、环境保护和动物福利是消费者对现代食品生产系统的 3 个关注点，同时，这 3 点在某些方面上是相互影响、相互作用的。比如，动物低福利时，个体携带的病原体与过量不适当的抗生素，在动物死后流入环境中并逐渐富集，对环境造成负面影响。而环境的恶化则导致植物受到牵连，植物的生长与健康状况变得较差，从而导致粮食安全与饲料安全存在问题，从而使动物福利降低，恶性循环导致

整个畜牧业和生态系统的恶化。

粮食安全、环境保护和动物福利，一般认知中不能三者兼得。保证动物福利又不损害环境，出栏率就可能得不到保证；想要提供足够的肉类供应，工厂化农场经营又存在高密度饲养，既酝酿人畜共患病又损害动物福利。随着经济迅速发展，世界对肉类需求普遍升高，增长的需求导致原本的畜牧业捉襟见肘，农场为了满足消费者，开始了工厂化农场经营之路。高密度、高效率，在集中化管理下，17 亿动物占据了地球现在 1/4 的土地。但动物产品有不可避免的副产品：大量温室气体排放和对环境的过度利用。干旱地区的牧场有 70%造成了本地环境退化，全球人类用水量的 8%都被投入饲料作物的灌溉；放牧占地球陆地表面的 26%，饲料作物的生产需要约 1/3 的耕地；畜牧业碳排占全部碳排的 18%，比人类交通产生的量都要大；37%的人为甲烷来自反刍动物的肠发酵，人为一氧化二氮的 65%都来自粪肥。

在畜牧业蓬勃发展的同时，它造成的环境负担也在不断增大；而拥挤和闷热的工厂化农场也催生着人畜共患病，让许多动物只能依赖饲料里含有的大量抗生素才能活到出栏。整个农场机制也并未考虑到动物本身的基因和体质问题。"快速生长"的鸡，腿部骨骼无法支撑身上多出来的肉，因而造成腿部残疾；肉牛等动物也难逃类似命运。基因择优中，农场不会考虑生产率之外的因素，这在影响动物福利的同时也会造成动物产品质量本身的下降，过量抗生素的使用更会导致抗生素富集和超级细菌的诞生。

只有对当前产业模式进行改革，发展可持续发展农业，发展有机畜牧，在根源上重新制定标准，才能兼顾这 3 个既相互关联又彼此冲突的要点。世界动物保护协会农场项目负责人 Jacqueline Mills 在报告中指出："低福利工业化养殖生产过量低品质的肉蛋奶制品，却要以人类健康和经济损失为代价。全球食物系统应向人道可持续的方向转型，有助于解决人、动物、环境共同面临的健康问题。我们需要进行 9 项系统性转变，从养殖系统、福利标准、健康饮食观念等方面共同提升。"

当然，虽然存在一些冲突，但并不是所有情况下三者都是彼此矛盾的，大多数情况下并不存在矛盾与抵抗。总之，粮食安全、环境保护与动物福利三者的统一发展，是现在的大势所趋。

五、解决措施

动物福利与环境变化之间存在密切关系。环境变化对动物的生存和福利产生直接影响，包括极端气候事件、温度变化和降水模式的改变等。同时，畜牧业也是温室气体排放的重要来源之一。通过采取可持续的农业和畜牧业实践，例如，减少温室气体排放、改善土壤管理和能源利用效率，可以减缓环境变化对动物福利的负面影响。

同时,需要采取措施改善养殖业的环境影响。这包括推广和应用科学的粪便管理和处理技术,如生物气化、厌氧消化和堆肥等,以减少排泄物对环境的负面影响。同时,也需要加强监管,推动养殖业向更加环境友好和可持续的方向发展,例如,推广循环农业和精确养殖技术,减少资源的浪费和环境的污染。这样才能实现粮食安全、环境保护和动物福利的协调发展。

此外,保护野生动物及其自然栖息地也是维护动物福利和生物多样性的关键。野生动物的栖息地为它们提供了生存和繁衍的环境,保护这些栖息地有助于维持生物多样性和生态平衡,同时也为野生动物提供更好的福利条件。

为了维护动物福利和生物多样性,我们需要采取一系列综合措施。首先是保护和恢复栖息地,为动物提供安全的生存环境。其次是减少污染和温室气体的排放,以降低对动物和生态系统的负面影响。另外,合理利用野生生物资源,避免滥捕滥猎,保护物种的生存发展。同时,我们还要预防生物入侵,并推动可持续农业的发展,通过生态农业和有机农业等方式减少对环境的破坏。

这些综合措施可以实现粮食安全、环境保护和动物福利的可持续发展。动物福利和环境保护与水资源管理有着密切的联系。养殖业需要大量的水资源用于动物的饮水、清洁和冷却等,合理管理水资源可以提高利用效率,减少水污染并保护水生态系统,从而维护动物福利和环境的可持续性。此外,动物福利还与土壤和水质保护紧密相关。农业和畜牧业活动可能导致土壤侵蚀、水体污染和破坏水生态系统等问题,这不仅对环境造成负面影响,也可能影响动物的健康和福祉。通过采取合理的土壤管理措施、减少农药和化肥的使用,我们可以保护土壤和水质,提高动物福利水平。

当然,正如前文论述,在相当一部分时候,环境保护和动物福利并不是可以同时获取的关系,而是存在冲突。有一种倾向认为,粮食安全和环境问题比动物福利问题更重要,大多数时候人们会牺牲后者以保证前者。当然,消费者偏好调查是相关问题的最主要证据。然而,文献认为,很大部分的冲突是动物福利标准的差异性所导致的,基于动物制定权威更广泛的标准可能有助于减少这种冲突。在国际贸易的背景下,加强粮食安全、环境保护和动物福利标准的协调变得越来越重要。除此之外,发展有机绿色新农业,探索动物福利与环境保护二者能够平衡的新型农业体系逐渐成为主流。

动物福利政策和科学研究正在不断成熟和深入,然而,随之而来的是新的挑战。特别是在粮食安全、气候变化和人类饮食等日益全球化的议程背景下,基于现实出现的实际和伦理问题越来越多,这些挑战可能对福利科学和政策的未来发展轨迹产生重大影响。动物福利在当代可持续发展理念中日益融入,这一点现在已在世界粮食安全委员会草案建议中得到正式认可。人类健康与粮食安全、动物福利、环境保护休戚相关。世界动物保护协会呼吁推动提升农场动物福利，改善养殖条件，向可持续和负责任的食物系统转型，一切仍在探究的道路上。

1. 福利质量

随着国际标准对可持续动物生产系统的管理开始发展，显然需要巨大的努力将良好动物福利的标准、食品安全标准与环境保护整合起来，并确保它们不是相互排斥的。其中首要步骤是开发更好的衡量、监测和营销动物福利的方法。欧盟资助的“福利质量”项目是对几个物种进行农场福利评估的改进系统的一个很好的例子。它将福利指标标准化转化为易于理解和获取的信息，这样的评定不仅有助于提高动物福利标准，还有助于满足所有利益相关者的要求。这个动物福利标准，确保食品的安全和健康方面的地位将最终被认可。因为这个标准的制定将不仅改善食品的质量和安全性，还将协助确保食品链的完整性。

2. 可持续发展农业

西欧的农业发展迅猛，取得了突出的成就，变得更为高效和生产力强大，但是这是牺牲了生物多样性、土壤、空气和水质，付出了巨大环境代价的结果。因此，在寻求确保食品安全和环境保护的前提下，西欧提出了新的生产系统，其中之一就是转向循环农业。西欧在三者里选择了前两者而相对之下忽视了动物福利。循环农业的重点在于关闭营养物质和其他资源的循环，以最小化损失并终结对气候变化的影响。循环农业是一种可持续发展的农业模式，它旨在通过最大限度地减少资源浪费和环境影响来满足人类食品需求。尽管循环农业对于解决气候变化和可持续性等重大挑战具有潜力，但它也引发了有关动物健康和福利的问题，动物福利维度似乎被忽视了。

动物福利在关于循环农业的讨论中仍然是未知的，这并不是由于西欧的不重视，而是起源于动物福利本身的概念。动物福利是一个复杂的概念，有很多定义，自 20 世纪 60 年代以来，动物福利逐渐被定义为 5 种自由，在内容上包含多个方面。此外，动物福利的概念还受到伦理考虑的影响，如对动物的道德地位和福利本身的重要性的看法。因此，在向循环农业过渡的过程中，并非人们对动物及其利益漠不关心。即使人们认为动物福利是循环农业的一个相关考虑因素，它也需要关注农业和动物福利的循环概念的层面，并要求对当前的法律和经济框架进行批判性的讨论与完善，才能够进入循环农业的框架中。

3. 中国式现代化

与其他工业化速度较晚的国家一样，中国也善于利用先进的国外技术和生产模式来促进自身发展。改革开放政策是中国改革战略的一部分。这一政策鼓励中国企业关注工业化国家，在牲畜生产方面，关注优良品种、合资企业、生产模式和生产力。但是，从改革开放开始，畜牧业生产就一直是以私人农户为主的经营，不如说，分散的小规模农户家庭农场阻碍了农业产业的扩张和现代化。小规模经营的农户家庭只能选择性地采用现代农业技术。他们采用的现代农业技术里包括使用商业饲料、药物进行疾病控制和促进生长。然而，由于小农户对疫病的控制能力相对较弱，加之其增长潜力有限，部分学者认为农户家庭经营是一种落后的生产方式。

针对这些问题，中国存在着制度优势。改革开放打开市场之后，中国政府始终用政策在推动生产模式的转变这一最根本的变革。尽管农民的后院农场仍然以绝对数量主导着畜牧业，但集约化的农场数量也在增长，工业化已被确定为国家畜牧业生产的未来发展方向。政府政策在促进中国所期望的变革方面的作用已得到广泛认可。这些政策的力量在于迎合了生产者的增长愿望，迅速推动中国的市场与经济的迅速发展。

我国是一个拥有14亿多人口的发展中国家，意味着我们实现现代化面临更强的资源环境约束，这决定了中国式现代化必须摒弃西方发达国家大量消耗资源能源、肆意破坏生态环境、先污染后治理的现代化老路，必须立足人口众多、资源相对不足、环境承载力较弱的基本国情，探索人与自然和谐共生的现代化新路。因此，针对我国国情，党的二十大报告明确："中国式现代化，是中国共产党领导的社会主义现代化，既有各国现代化的共同特征，更有基于自己国情的中国特色。"中国式现代化是人口规模巨大的现代化，是全体人民共同富裕的现代化，是物质文明和精神文明相协调的现代化，是人与自然和谐共生的现代化，是走和平发展道路的现代化。

中国式现代化以人与自然和谐共生为鲜明特色和本质要求，以现代化为物质基础和机制保障，是生态环境法治指引和保障之下的现代化。生态环境法治之于人与自然和谐共生的中国式现代化的重要意义，是人与自然和谐共生之于中国式现代化的意义、法治之于中国式现代化的意义两相交汇之所在。生态环境法治是实现人与自然和谐共生的中国式现代化不可缺失的重要保障，实现人与自然和谐共生的中国式现代化也对生态环境法治建设提出了更高期许。

六、本章小结

动物福利与环境保护密切相关。通过保护生物多样性、应对气候变化、合理管理水资源、保护土壤和水质等环境保护措施，不仅可以提高动物的福利水平，也为农业和畜牧业的可持续发展提供了基础。

在度过了经济飞速发展的上升期，实现了最基础的物质基础后，全球绝大多数国家都意识到了环境保护与动物福利的重要性，这二者不仅与地球息息相关，更是与人类的健康有关。良好的动物福利让人类和地球受益，不仅能够改善人类健康，降低人类罹患传染病（人畜共患病）的风险，提高食品安全，还能推动环境可持续发展，高福利牲畜管理实践可更加有效地使用土地和水资源，提升环境保护水平和生物多样性，帮助人类应对气候变化与污染。

动物福利与每一个动物个体的生存质量均有关系。我们通过关注这些问题并阻止野生动物受到伤害，协助保护在动物世界中受到威胁的物种，同时保护生物多样性和自然环境。

许多国家已经针对此制定了规则与法律，将动物福利与环境保护一起纳入未来的发展规划中，强调了动物福利的重要性。

第五章　减抗、低抗养殖与动物福利生产

减抗养殖、低抗养殖和动物福利生产是3种不同的养殖模式，越来越多的国家开始采用这些养殖方法来保护动物的福利。

一、减抗养殖

减抗养殖是一种饲养方式，通常是指减少或限制在养殖业中使用抗生素的做法，旨在减少动物对抗性的依赖。抗性是指动物在遭受疾病、环境挑战或其他压力因素时所表现出的抵抗力和适应能力。减抗养殖方法主要包括选择抗性较强的品种、进行基因改良、提供良好的养殖环境和实施有效的养殖管理措施等。通常情况下，减抗养殖的目标是减少或避免抗生素在养殖过程中的使用，以减少对抗生素的滥用和对人类及环境的负面影响。

在过去传统的养殖中，抗生素被广泛用于预防和治疗动物疾病，帮助保持动物健康和提高产量，减少动物生病的风险，提高生长速度和饲料转化效率，从而增加养殖业的产量和经济效益。然而，过度或不恰当使用抗生素也可能带来一些危害和挑战，包括但不限于以下方面：

(1)耐药性问题　滥用和过度使用抗生素可能导致细菌产生耐药性，使得抗生素在人类医疗和养殖工业中的疗效降低。这对人类和动物健康带来风险，因为耐药性细菌难以治疗，并可能导致感染的传播。

(2)食品安全问题　抗生素在养殖中的使用可能导致动物身体残留抗生素，并通过食物链传递到食品中。这可能对人类健康构成潜在风险，包括可能导致过敏反应和对某些抗生素产生耐药性。

(3)环境影响问题　养殖中抗生素的使用可能导致抗生素通过养殖废弃物进入环境中，对环境微生物生态系统造成潜在影响，破坏生态平衡。

正因为使用抗生素存在一定的危害和挑战，减抗养殖成为一个重要的目标。通过减少抗生素的使用，可以减缓耐药性的发展，确保食品安全，保护环境健康，提高养殖可持续性，同时也为消费者提供更健康和安全的食品选择。

减抗养殖可以通过改善养殖环境和管理措施的途径，提高动物的健康和免疫力，采用预防性措施来减少疾病的发生。减抗养殖会使用替代性治疗方法和保健

产品,严格监控和控制抗生素的使用。一些国家还制定了相关政策和法规来推动减抗养殖,例如,限制抗生素的使用量、使用频率和使用时机,以及要求养殖业者报告和监测抗生素的使用情况等。

1. 理论研究

目前对减抗养殖的理论研究中最重要的是养殖环境、饲养管理、疫病防控 3 个方面,具体内容如下。

(1)养殖环境　研究养殖环境对动物抵抗力的影响,包括空气质量、温度、湿度、光照等因素。

(2)饲养管理　研究合理的饲养管理措施,包括饲料营养平衡、饲喂技术、水质管理等,以提高养殖动物的免疫力和抵抗力。

(3)疫病防控　研究预防疫病的有效措施,如疫苗接种、合理的兽药使用、疫病监测与预警等,减少疫病对养殖动物的影响。

2. 发展历程

减抗养殖的发展历程如下。

(1)20 世纪 80 年代　减抗养殖的理论开始萌芽,并在一些国家进行了初步应用和实践。

(2)20 世纪 90 年代　随着对动物健康管理和养殖效益的重视,减抗养殖逐渐成为养殖领域的研究热点。许多科研机构和大型养殖企业开始加大对减抗养殖的研究和推广力度。

(3)如今　减抗养殖已经成为现代养殖技术体系中重要的一部分,得到了广泛应用和推广。在全球范围内,不同国家和地区都在积极探索和应用减抗养殖技术。

3. 应用国家

减抗养殖在全球范围内得到了广泛应用,其中荷兰、德国、丹麦等欧洲国家在减抗养殖方面的研究和应用较为先进,尤其在猪、牛、禽类养殖方面积累了丰富的经验;美国和加拿大这两个北美国家在减抗养殖方面也有较为深入的研究和应用,尤其在牛和禽类养殖领域取得了一定的成果;中国、韩国、日本等亚洲国家也在积极探索和应用减抗养殖技术,特别是在猪、禽类养殖方面有一些成功案例。

1)国外

目前丹麦、荷兰、美国已经形成较为成熟的模式来进行减抗养殖。

(1)丹麦的“丹麦模式”　丹麦是世界上最大的猪肉出口国之一,丹麦的养殖业一直致力于减少抗生素的使用。他们通过改进养殖管理、加强动物健康监控和控制疾病传播等措施,成功减少了抗生素的使用,同时保持了较高的生产效率和动物健康水平。

(2)荷兰的“荷兰模式”　荷兰是全球最大的蛋鸡出口国之一。他们通过改进养殖管理、提高动物生产性能、加强饲料质量控制等措施，成功减少了抗生素的使用。他们还引入了一种名为“养殖绿色通道”的机制，鼓励农民采用健康养殖方式，减少抗生素的使用。

(3)美国的“美国模式” 美国是世界上最大的禽肉出口国之一。他们通过改进养殖管理、加强动物健康监控和控制疾病传播等措施，成功减少了抗生素的使用。美国还制定了一系列严格的法规和准则，限制抗生素在养殖业中的使用，鼓励农民采用替代性健康管理方法。

以上国家的优良成效无疑为我国当前的减抗养殖提供了有益经验，例如：①改进养殖管理。加强动物健康监控、控制疾病传播，提高饲料质量控制等措施可以减少对抗生素的依赖，同时提高养殖效率和动物健康水平。②推动法规和准则。制定严格的法规和准则，限制抗生素在养殖业中的使用，鼓励农民采用替代性健康管理方法。③引入激励机制。建立激励机制，鼓励农民采用健康养殖方式，减少抗生素的使用。

2)国内

我国的减抗养殖发展技术在近年来取得了显著进展，通过优化饲养管理、改进饲料配方等措施，减少养殖动物对抗生素的依赖，以降低抗生素在养殖中的使用。目前我国的减抗养殖存在以下 4 点优势。

(1)饲料营养精准配制 通过科学计量和营养平衡的饲料配制，满足动物的营养需求，提高养殖效益，减少对抗生素的依赖。

(2)微生态调控技术 通过调整养殖环境中的微生物菌群，促进肠道健康，增强动物免疫力，降低疾病风险。

(3)动物群体管理 采用科学的养殖密度、合理的养殖结构等措施，减少因环境压力引起的疾病传播，提高养殖动物的抵抗力。

(4)疫苗和免疫技术 发展高效、安全的免疫技术，提高动物的抗病能力，减少对抗生素的依赖。

但相较减抗养殖发展成熟的国家，我国也存在一些不足之处：①养殖管理水平不足。一些养殖户缺乏科学的饲养管理知识和技术，无法有效地实施减抗养殖技术。②技术推广滞后。一些先进的减抗养殖技术在推广过程中缺乏有效的渠道和资源，导致推广速度较慢。③技术成本较高。一些减抗养殖技术需要投入大量的资金和设备，增加了养殖户的经济压力。

为了推动减抗养殖技术的发展，需要加强科技创新，提高养殖户的技术培训和转化水平，降低技术成本，建立起健全的减抗养殖政策体系，促进我国养殖业的可持续发展。

二、低抗养殖

低抗养殖是一种针对动物抗病能力较弱的特点，通过选择和培育抗病性强的品种，改善饲养管理措施，提高动物的免疫力和抗病能力，从而减少动物患病和死亡的养殖方式。

低抗养殖的发展相较于传统养殖业有诸多益处。低抗养殖可以部分解决抗生素耐药性的问题，在传统的养殖中，抗生素滥用和过度使用引发了细菌耐药性的问题，这对人类和动物健康构成了严重威胁。低抗养殖可以帮助减缓耐药性的发展，并保护抗生素的有效性，确保人类能够持续受益于这些重要的药物。低抗养殖可以减少动物身体残留抗生素的风险，确保食品安全和质量。这有助于提高消费者对食品的信心，避免因摄入过量抗生素而导致的潜在健康问题。抗生素的过度使用在养殖废弃物中可能对环境产生负面影响，破坏土壤和水生态系统。低抗养殖有助于减少抗生素在环境中的释放，保护生态平衡和生物多样性。此外，低抗养殖可促进养殖业的经济可持续性。通过改进管理实践、加强预防和控制疾病的能力，降低抗生素的使用，养殖者可以减少生产成本并提高养殖效率。此外，低抗养殖还有助于开拓市场，满足消费者对健康和可持续食品的需求。最后，低抗养殖是实现可持续发展目标的重要一步，需要国际社会共同合作。通过分享成功案例、推动技术创新和知识共享，可以加强不同国家和地区之间的合作，促进全球养殖业的可持续发展。

1. 理论研究

低抗养殖的理论主要包括品种选择、免疫接种、饲养管理、疫病防控 4 个部分。

(1)品种选择　低抗养殖的第一步是选择抗病性强的品种进行繁殖。这需要对不同品种的抗病性进行评估和比较，选择出抗病性较强的品种。同时，还需要考虑品种的其他经济性状，如生长速度、肉质等，以保证养殖的经济效益。

(2)免疫接种　免疫接种是提高动物抗病能力的重要手段之一。通过给动物接种疫苗，可以激活动物的免疫系统，提高其抗病能力。低抗养殖中，免疫接种的选择和操作尤为重要，需要根据养殖动物的具体情况，制订科学合理的免疫计划，确保疫苗的有效性和安全性。

(3)饲养管理　饲养管理对动物的抗病能力有着重要影响。低抗养殖中，需要做好动物的饲养环境和饲养条件的管理，保持适宜的温度、湿度和通风条件，提供良好的饲料和饮水，确保动物的营养需求得到满足。此外，还需要加强对动物的日常观察和疾病监测，及时发现并处理患病动物，以避免疾病的传播和扩散。

(4)疫病防控　低抗养殖中，疫病防控是至关重要的一环。通过加强动物的疫病监测和防控措施，可以有效减少动物的患病和死亡率。疫病防控主要包括加强动物的隔离和消毒措施，定期进行疫苗接种和用药预防，加强养殖场的环境卫生管理，提高疫病防控的科学性和有效性。

2. 发展历程

低抗养殖的发展历程可以追溯到20世纪初。当时，人们开始意识到动物的抗病能力对养殖业的重要性，并开始研究和探索提高动物抗病能力的方法。随着科学技术和养殖业的进一步发展，低抗养殖逐渐成为养殖业的重要课题。在过去的几十年里，低抗养殖得到了广泛的研究和应用。研究者们通过对不同品种的抗病性评估和选择，培育出了许多抗病性强的品种，并通过饲养管理和疫病防控措施的改进，有效减少了动物的患病和死亡。同时，也出现了一些新的抗病技术和方法，如基因编辑和免疫调节等，为低抗养殖的发展提供了新的思路和手段。总的来说，低抗养殖的理论研究和发展历程是一个不断探索和实践的过程。通过不断地研究和实践，人们对动物抗病能力的提高和疫病防控的方法有了更深入的理解和认识，为养殖业的可持续发展提供了重要支撑。

3. 应用国家

低抗养殖在中国得到了广泛的应用和推广。随着养殖业的快速发展和产业化进程的推进，人们对动物抗病能力的重视程度逐渐提高，低抗养殖成为养殖业的重要课题。目前，中国已经建立了一套较为完善的低抗养殖技术体系。在一些养殖业发达的地区，在禽类、猪类、水产养殖等方面，低抗养殖已经得到了广泛应用，并取得了显著的经济和社会效益。

1)低抗养殖的优势

中国的低抗养殖的先进之处在于：

(1)提高动物健康状况和生产性能　低抗养殖通过提高动物的抗病能力，减少动物的患病和死亡，提高动物的健康状况和生产性能。这对于提高养殖业的经济效益和可持续发展具有重要意义。

(2)减少抗生素使用　低抗养殖可以通过提高动物的免疫力和抗病能力，减少对抗生素的依赖和使用。这有助于减少抗生素在养殖业中的滥用，避免动物产生耐药性，对于人类和环境的健康都有积极的影响。

(3)保护环境和提高养殖可持续性　低抗养殖可以减少动物的患病和死亡，降低动物的粪便和废水对环境的污染，有助于养殖业的可持续发展和环境保护。

2)低抗养殖面临的壁垒

与此同时，中国的低抗养殖面临着一些壁垒：

(1)技术难题　低抗养殖涉及品种选育、免疫接种、饲养管理、疫病防控等多个方面的技术问题，这些技术问题的解决需要投入大量的研究和实践。目前，一些技术问题尚未得到有效解决，这限制了低抗养殖的推广和应用。

(2)养殖环境限制　不同地区的养殖环境存在差异，一些地区的养殖环境条件较差，对于低抗养殖的推广和应用造成了一定的限制。

3)低抗养殖案例

低抗养殖在世界范围内也得到了广泛的应用。许多国家，尤其是养殖业发达的国家，如美国、加拿大、澳大利亚、荷兰、丹麦等，都积极推动低抗养殖的发展和应用。这些国家在品种选择、免疫接种、饲养管理、疫病防控等方面都有较为成熟的技术和经验，并取得了显著的效果。这些国家的经验对于我国低抗养殖的发展具有借鉴意义。

(1)荷兰的低抗鸡　荷兰是世界上最大的禽肉出口国之一，但在过去几年中，荷兰养殖业出现了低抗鸡的问题。这些鸡对抗生素的抵抗力下降，对疾病的易感性增加，使得养殖业面临着严重的健康和经济问题。

(2)美国的低抗猪　美国的猪养殖业也出现了低抗问题。过度使用抗生素导致了抗生素对猪的效果降低，难以治疗常见的疾病。这不仅对猪的健康造成了威胁，还对人类的健康构成了潜在风险，因为人们通过食用猪肉摄入了残留的抗生素。

4)案例启示

(1)合理使用抗生素　养殖业应该合理使用抗生素，避免滥用和过度使用。滥用和过度使用抗生素会导致细菌耐药性增强，对养殖业和人类健康造成风险。

(2)采取预防措施　养殖业应该采取预防性措施，包括良好的养殖环境、良好的饲养管理和健康监测，以减少疾病的发生和传播。

(3)多样化养殖方式　养殖业应该鼓励多样化的养殖方式，减少大规模养殖和过度集中的风险。多样化的养殖方式可以降低疾病传播的风险，提高养殖动物的健康和生产效益。

(4)加强监管和制定法规　政府应该加强对养殖业的监管和制定相关法规，以确保抗生素的合理使用和养殖动物的健康。这包括加强抗生素残留物的监测和控制，以及对违规行为的处罚。

三、动物福利生产

动物福利生产的学术定义是指在农业和畜牧业生产过程中，尊重动物的生理和心理需求，提供适宜的饲养环境和条件，以确保动物的健康和福利水平。

1. 动物福利生产的意义

动物福利生产的重要意义在于保护和提高动物的福利水平，确保动物在农业生产中免受不必要的痛苦和压力。动物有权享受基本福利，包括免受虐待、疾病和痛苦。动物福利生产是一种道德责任，我们应该给予动物足够的尊重和保护。不仅如此，提供良好的动物福利可以减少动物生病和传播疾病的风险。良好的动物福利可以通过减少动物发病率和使用抗生素和药物的需要，对人类健康和食品安全产生积极影响。良好的动物福利可以提高生产力。动物在良好的生活环境中更健康、更快乐，这有助于提高动物的生长速度和繁殖能力，从而提高农业生产的效率和产量。动物福利状态良好可以改善动物产品的品质，动物在良好的环境下生长和发育，其肉质、蛋品质和奶品质往往更好，更受消费者的青睐。

与传统生产相比，动物福利生产有以下优点：

(1)动物生活质量提高　动物福利生产提供了更好的生活环境，包括更大的空间、更好的饲养条件和更多的运动空间。这种改善可以减少动物的痛苦和压力，提高它们的生活质量。

(2)提高动物健康状况　良好的动物福利有助于降低动物患病率，减少使用抗生素和药物的需求。这对于减缓抗生素耐药性的发展和保护环境都十分重要。

(3)增加消费者信任　越来越多的消费者对动物福利关注度提高，他们更倾向于选择符合良好动物福利标准的产品。进行动物福利生产可以增加消费者对产品的信任和忠诚度。

(4)提升企业形象　进行动物福利生产可以为农业企业树立良好的形象，显示其对动物福利和农业可持续发展的关注。这有助于提高企业的声誉和市场竞争力。

2. 发展历程

动物福利生产的发展历程主要包括以下几个方面的内容。

(1)人类对动物福利的关注　人类对动物福利的关注可以追溯到古代文明时期。在古代文明中，人们开始关注动物在农业、工作和娱乐等方面的用途，并逐渐形成了一些保护动物的传统和规范。

(2)哲学和伦理学的影响　哲学和伦理学对动物福利的研究起到了重要的推动作用。哲学家和伦理学家们开始思考人类与动物之间的关系，提出了一些关于动物权利和道德责任的理论。动物福利理论强调我们应该关注和改善动物的福利，确保它们在人类使用下不受不必要的痛苦和苦难。动物权利理论认为动物与人类一样具有自身的权利，包括不受虐待和剥夺自由的权利，要求我们对待动物与对待人类一样，尊重和保护它们的权利。动物利益理论认为我们应该关注动物的利益，而不仅仅是它们的权利。这种立场强调我们应该追求最大化动物的利益，即使这意味着有时候会对它们进行一些限制和使用。动物解放理论主张动物不应被视为人类的资源，而是应该解放并赋予它们与人类平等的权利。这种立场认为人类对动物的使用和剥夺自由都是不道德的。生态主义理论认为我们应该以整个生态系统为重点，而不仅仅关注个体动物的权利。生态主义主张保护和维护生态系统的平衡，以确保所有生物的生存和繁荣。

(3)动物权利运动的兴起　20世纪以来,动物权利运动逐渐兴起并发展壮大。该运动主张动物与人类享有相同的权利和尊重,促进了人们对动物福利的关注和研究。

(4)动物学和行为学的进展　动物学和行为学的发展使人们对动物行为和需求有了更深入的了解,从而为动物福利的研究提供了理论基础和实证支持。

(5)动物福利法律和规范的制定　随着对动物福利重要性认识的提高,许多国家和地区相继制定了动物福利相关的法律和规范,以保障动物的权益和福祉。具体的法律有:

①动物保护法。许多国家和地区都有专门的动物保护法,旨在保护动物免受虐待和不当对待。这些法律规定了动物的基本权利和禁止虐待动物的行为。

②养殖规范。有些国家和地区制定了养殖规范,要求农场主和养殖户提供适当的饲养环境和营养,确保动物的健康和福利水平。

③动物实验规范。科学实验中对动物的使用受到严格的监管,要求尽量减少动物的痛苦和困扰,并确保实验的必要性和伦理性。

④动物运输规范。运输动物时需要遵守特定的规范,以确保动物在运输过程中不受伤害或痛苦。

⑤动物园和马戏团规范。为了保护动物的福利,一些国家和地区对动物园和马戏团制定了规范,要求提供适当的饲养环境和对待方式。

⑥销售和饲养规范。一些国家和地区对宠物店和宠物饲养者制定了规范,要求宠物店和宠物饲养者提供适当的饲养环境和照顾,以确保宠物的福利水平。

(6)科学研究和实践的推动　动物福利生产研究得以发展壮大的一个重要推动力是科学研究和实践的不断推进。通过实验室研究、田野观察和实际生产应用等手段,人们不断探索和改进动物福利生产的方法和措施。

总的来说,动物福利生产的理论研究和发展历程是一个持续不断的过程,涉及伦理学、哲学、动物学、行为学、法律和实践等多个领域的探索和发展。随着人们对动物福利的认识和关注不断提高,动物福利生产的研究也将继续深入和完善。

3. 动物福利发展现状

在中国,动物福利生产的发展状况相对缓慢。虽然近年来有关动物福利的意识逐渐提高,在一些大型养殖企业中已经开始引入相关的福利措施,但仍然存在一些挑战和问题。例如,养殖场规模小、设施简陋、动物密度高、缺乏专业的兽医和养殖管理人员,以及缺乏相应的法规和标准等。

然而,中国动物福利生产也有一些优势。中国具有丰富的农业资源和养殖经验,可以通过合理的管理和技术改进来提高动物福利。此外,政府也开始重视动物福利问题,并出台了一些相关政策和法规,以推动动物福利的发展。

在其他国家,动物福利生产的发展状况因国家和地区而异。一些发达国家如欧洲国家以及澳大利亚和新西兰等在动物福利生产方面已经建立了一整套完善的动物福利标准和监管机制。这些国家注重动物福利的法律法规、养殖管理、饲养环境等方面的要求，并采用了一些先进的技术和设施来改善动物福利。然而，一些发展中国家在动物福利生产方面还存在较大的挑战，包括资源匮乏、技术水平低、法律法规不完善等问题。

以下是一些著名的动物福利生产案例及带给我们的启示。

(1)著名的虎鲸保护案例　电影《自由的威利》展示了一只被困在水族馆的虎鲸和一个小男孩之间的友谊。这部电影引发了对海洋动物福利的广泛讨论，使公众对海洋动物的福利问题更加关注。这个案例提醒我们，动物在囚禁环境中可能受到伤害，我们应该努力提高海洋动物的福利标准，保护它们的自由和健康。

(2)麦克奥尔森动物福利案例　这个案例涉及一个家禽养殖场，在被曝光之后，揭示了动物在工业化农场中可能面临的恶劣条件。这引发了公众对工业化畜牧业的关注，并促使政府和企业采取改进措施。这个案例提醒我们，我们需要对农业实践进行审查，确保动物在生产过程中受到适当的待遇和保护，减少对动物的伤害。

(3)动物实验改革案例　多年来，许多动物权益组织一直在推动减少动物实验的使用，并寻找替代方法。一些国家和企业已经采取了行动，限制动物实验的范围，要求使用替代方法。这个案例告诉我们，我们应该鼓励和支持替代动物实验的研究，寻找更有效和道德的方法来测试产品的安全性和效果。

这些案例表明，公众对动物福利的关注日益增加，政府、企业和个人都应该采取行动来保护动物的权益。我们可以从中得到启示，促使我们更加关注动物福利，采取行动来改善动物的生活条件和待遇。

总体而言，动物福利生产在全球范围内仍然需要进一步发展和改进，以确保动物的福利和健康。

四、动物福利与农业的关系

动物福利与农业之间存在着紧密的关系。农业是为了满足人类的食物需求而进行的生产活动，而动物是农业生产的重要组成部分。因此，农业对动物福利有直接影响。

首先，农业生产方式对动物福利有着重要影响。传统的大规模畜牧业和工厂化养殖方式往往会给动物带来很大的痛苦和压力。动物被密集饲养，长时间关押在狭小的空间中，无法展示其自然行为，容易患病和受伤。而采用更为人道的养殖方式，如有机农业和放牧养殖，会更好地满足动物的需求，提高动物福利。

其次，动物福利也与农业生产的经济效益和可持续发展密切相关。提高动物福利可以提高农产品的品质和安全性，增加消费者的信任和偏好，从而提高农产品的市场竞争力。此外，注重动物福利还有助于保护农业生态环境和资源的可持续利用，减少环境污染和资源浪费。

最后，动物福利也与农业生产的伦理责任有关。人类对动物有着保护和关爱的责任，不应该虐待和滥用动物。提高动物福利，能够体现农业生产者对动物的尊重和关怀，促进人与动物之间的和谐共处。

综上所述，动物福利与农业之间有着紧密的联系。农业生产方式、经济效益和可持续发展以及伦理责任都会影响动物福利的实现。因此，为了实现农业可持续发展，我们应该注重提高动物福利，创造更好的农业生产和消费环境。

那么如何将动物福利与农业的可持续性联系在一起，以下是一些关键方面：

(1)健康和生产力　为动物提供良好的福利条件，包括适宜的饲养环境、饲料和水源，可以提高动物的健康水平和生产力。健康的动物产出更高质量的肉、奶和其他农产品，从而促进农业可持续发展。

(2)疾病控制　提供适当的动物福利条件可以减少动物间的疾病传播风险。这有助于减少使用抗生素和其他药物的需求，减缓抗药性的发展，从而保护人类和动物的健康。

(3)资源利用　合理的动物福利政策可以帮助农民更有效地利用资源，如土地、水和能源。例如，优化饲养环境可以减少饲料和水的浪费，改善废物管理系统可以减少环境污染。

(4)社会接受度　农业可持续发展还与社会的接受度密切相关。提供良好的动物福利条件可以增强公众对农业生产方式的信任和认可，减少动物权益组织的批评和抵制行为。

(5)法律和监管　许多国家和地区已经制定了动物福利法律和监管措施，以确保农业生产符合最低福利标准。这些法律和措施有助于维护动物的权益，同时促进农业可持续发展。

总体而言，动物福利与农业可持续发展是相互依存的。通过提高动物福利，农业系统可以实现更高的生产效率、资源利用效率和社会接受度，从而为可持续发展作出贡献。

五、本章小结

减抗养殖、低抗养殖和动物福利生产是 3 种不同的养殖模式，它们在目标、方法和适用范围上有所不同。

减抗养殖是指通过选择和培育抗性较强的品种，以减少对抗生素和其他药物的使用。该养殖模式主要关注抗性遗传改良和免疫增强，以降低动物疾病发生率和药物使用量。

低抗养殖是指通过管理和环境控制，减少动物对抗生素和其他药物的需求。该养殖模式主要侧重于改善饲养环境、提高动物健康管理水平和预防疾病的发生，以降低抗生素使用量。

动物福利生产是指以尊重和保护动物福利为出发点，提供良好的饲养环境和适当的饲养条件，以确保动物生长健康、免疫力强，并尽量减少药物使用。该养殖模式主要关注动物福利和行为需求的满足，强调动物的自然行为和心理状态。

在我国应用最广的是减抗养殖和低抗养殖。由于我国农业规模庞大，为了提高养殖效益和生产可持续性，减少药物使用量已成为重要的发展方向。减抗养殖和低抗养殖通过改良品种、提高饲养管理水平和环境控制等手段，可以有效降低药物使用量，减少抗生素残留，提高产品质量和安全性。在动物福利生产方面，虽然在一些高端市场和特定消费群体中受到关注，但在整体养殖业中的应用还相对较少。

动物福利在现代社会变得如此重要，是因为人们对动物的态度和意识已经改变。随着道德伦理观念的提升，人们越来越意识到动物也有生命和感情，应该受到尊重和保护。人们对待动物的态度已经从牟利和剥削转变为尊重和关爱。科学研究揭示了动物的智力、情感和社交能力，证明它们与人类有着相似的感受和需求。这些发现引起了人们对动物福利的关注，并推动了相关政策和法律的制定。

动物也是生态系统的重要组成部分，它们对于维护生态平衡和生物多样性至关重要。人们越来越认识到保护动物的福利也是保护环境的一部分。同时社会媒体和互联网的普及使得动物福利问题更加容易被大众知晓和关注。许多动物福利组织以及个人通过社交媒体平台传播相关信息，引起公众的关注并推动改变。

国际上，越来越多的国家和地区开始制定和实施动物福利相关的法律和政策，保护动物的权益。政府的支持和法律的保护进一步推动了动物福利在社会中的重要性。

第二篇

国际经验

第六章　国际动物福利政策法规

在全球范围内，动物福利越来越受到重视，并且在许多国家和国际组织中得到了明确的法律保护和道德关注。

一、动物保护法律的制定

许多国家都通过了法律和法规，保护动物免受虐待。例如，欧盟国家制定了《福利屠宰及动物保护法令》，规定了对动物在屠宰过程中的保护要求。许多国家还通过禁止野生动物贸易、禁止残酷的动物测试等法律来保护动物福利。

1. 欧盟

欧盟国家制定的《福利屠宰及动物保护法令》旨在保护动物的福利和权益。以下是该法令的一些重要保护措施：

(1)动物福利标准　法令规定了动物福利的基本标准，包括动物的饲养、运输、屠宰等环节。这些标准确保了动物在这些过程中不受无谓的痛苦或伤害。

(2)饲养条件和空间要求　法令规定了动物饲养的最低标准，包括提供足够的空间、合适的饲料和水源，以及适当的环境条件等。这确保了动物在饲养环境中有足够的舒适和自由。

(3)动物运输规定　法令规定了动物运输的条件和限制，确保动物在运输过程中不受到过度的压力、饥渴或不适。这包括限制运输时间、提供适当的通风和温度控制，以及提供足够的空间等。

(4)屠宰程序和方法　法令规定了屠宰动物的程序和方法，以减少动物在屠宰过程中的痛苦和恐惧。这包括使用合适的麻醉和宰杀方法，以确保动物能够在最少的痛苦中死亡。

(5)动物实验规定　法令对动物实验进行了规范，要求进行实验时尽量减少动物的痛苦和苦难，同时推动替代动物实验的方法和技术的发展。

(6)监管和执法机构　法令设立了专门的监管和执法机构，负责监督和执行动物福利法规。这些机构负责对违反法规的个人或机构进行处罚和制裁。

总体而言，欧盟国家制定的《福利屠宰及动物保护法令》通过规定动物福利的标准，确保动物在饲养、运输、屠宰和实验等过程中得到适当的保护和尊重。这些法律的实施有助于提高动物福利水平，减少动物遭受的痛苦和苦难。

2. 瑞士

瑞士有一部完整的《动物保护法》，该法规定了针对各类动物的福利标准，并禁止虐待、残忍对待动物。此外，瑞士还有一些具体的法规，如对实验动物、农场动物和伴侣动物的保护。

(1)实验动物保护　瑞士采用了3R原则，即替代(replacement)、减少(reduction)和改善(refinement)。替代是指尽可能使用替代实验动物的方法，避免或减少对动物的使用。例如，使用细胞培养、计算机模拟、体外试验等方法来替代动物实验。减少是指在必须使用动物进行实验时，尽量减少动物的数量。通过合理的实验设计、统计学方法等，最大限度地避免对动物的使用。改善是指在实验过程中，尽量减少动物的痛苦和苦难。包括提供舒适的生活环境、合理的饲养和管理、减少或避免对动物造成疼痛和压力的操作等。

3R原则旨在保护实验动物的福利，并提倡在可能的情况下，尽量避免使用实验动物，或减少使用实验动物的数量，同时也要改善实验动物的生活条件和减少实验对动物的痛苦。这意味着瑞士鼓励替代动物实验，尽量减少使用动物数量，并改善实验动物的福利和条件。任何对动物进行实验的项目都需要经过批准和监管。批准机构要求研究人员提供合理的科学目的和预期成果，同时确保实验动物的福利得到充分保护。

(2)农场动物保护　瑞士对农场动物的养殖条件有严格的规定，包括对住房、饲料、饮水、空间等的要求，以确保动物得到适当的照顾和环境。瑞士禁止虐待农场动物，包括禁止施加肉体或精神痛苦以及使用暴力或残忍行为对待动物。

(3)伴侣动物保护　瑞士对伴侣动物的购买和销售进行了限制，确保动物不会被随意买卖，并要求买家接受合理的饲养和照顾义务。对于伴侣动物，瑞士规定了饲养环境的要求，包括足够的生活空间、适宜的饲料和饮水、运动和社交等。

3. 新西兰

新西兰的《动物福利法》规定了动物福利的各个方面，包括饲养、运输、实验和屠宰等。该法还设立了专门的动物福利部门，负责监督和执行相关法律。

(1)饲养　新西兰的《动物福利法》规定了动物的基本生活需求，包括饮食、饮水、住房、空间等方面的要求。养殖者有责任提供适宜的饲养环境，确保动物能够体现其自然行为，并提供足够的运动和刺激。动物的日常护理和健康需求，如定期检查、疫苗接种、适当的治疗等也得到规定和监管。

(2)运输　新西兰的法律规定了动物在运输过程中的福利要求，包括对舒适性、保护、空气质量和温度等的关注。运输过程中，动物应得到足够的饲水和饲料，并确保运输容器和设备符合安全和福利标准。

(3)实验 新西兰尊重替代、减少和改善(3R)原则,鼓励使用替代实验方法来减少对动物的依赖。动物实验需要经过严格的伦理审查和许可批准,确保实验对动物的影响最小化,并有科学研究的必要性和价值。

(4)屠宰 新西兰的屠宰场需要符合相关标准和规范,以确保屠宰过程对动物来说是最低程度的痛苦和不适。屠宰需要由合格的技术人员进行,并由监管部门进行监督和检查。

新西兰的动物福利法还设立了专门的机构和委员会,负责监督和执行相关法律,确保动物的福利得到充分保护。此外,新西兰还制定了其他相关法律和指导文件,以期促进动物福利的不断提高。

4. 美国

美国有多项立法来保障动物福利。其中包括:

(1)《动物福利法》(Animal Welfare Act) 这是由美国农业部制定和执行的法律,适用于受联邦监管的动物,包括实验室动物、航空货运动物、展览动物等。该法律要求对这些动物的饲养、运输、展示和使用进行适当的照顾和保护。

(2)《人道屠宰法》(Humane Slaughter Act) 该法律规定,在联邦屠宰场进行屠宰的动物必须在宰杀过程中避免遭受无谓的痛苦和折磨。

(3)《动物福利行为》(Animal Welfare Behavior) 该行为旨在改善农场动物的福利。它包括为鸡、牛、猪等农场动物提供适当的食物、水、住所和医疗护理。

(4)《导盲犬和服务动物法》(Guide Dog Access Act) 该法律要求公共场所,如饭店、商店和公共交通工具,允许携带导盲犬和其他服务动物的残疾人进入。

(5)《禁止殴打、虐待和饲养野生动物法案》(Capturing Wild Animals for Sale or Exhibition Act) 该法案旨在禁止虐待和不当饲养野生动物,并规定了对违法者的处罚。

5. 奥地利

奥地利的《动物保护法》涵盖了各类动物的保护要求,包括对农场动物、实验动物、伴侣动物和野生动物的保护。该法还规定了禁止虐待和残忍对待动物的行为。

6. 英国

英国早在1822年就出台了《马丁法案》,禁止虐待动物。作为世界上最早颁行动物保护法律的国家,英国的动物福利立法一直领先于世界各国。英国有一系列动物福利法律(宁立标和肖雨阳,2023),包括《动物福利法》《农场动物福利法》和《野生动物和自然环境法》等。这些法律规定了对各类动物的保护要求,并禁止虐待和残忍对待动物。

7. 德国

德国的《动物保护法》规定了动物福利的各个方面内容,并设立了动物福利委员会来监督和评估相关问题。该法还禁止虐待和残忍对待动物，并规定了相应的行政处罚。

8. 澳大利亚

澳大利亚是一个由6个州和2个地区组成的联邦（1900年《澳大利亚联邦宪法》），拥有联邦、州和地方政府层面的法律。《澳大利亚联邦宪法法案》（第51条）对动物福利保持沉默，因此，它被认为是澳大利亚8个州和地区政府负责的剩余权力。唯一的例外是，在联邦政府对贸易、商业和检疫的专有权下，动物福利可以被视为贸易或生物安全的一部分——一个关键的例子是对澳大利亚活体出口贸易的监管。由于这些宪法限制，澳大利亚动物福利法律框架由主要的州和地区法案和授权立法组成。前者具有全球性和一般性，并定义了主要罪行。主要的规范行为是禁止虐待动物并施加照顾义务，然后使用行为准则和标准来提供有关物种，生产实践类型或有争议问题的更多技术细节。成文的规定是有益的，可以直接执行，犯罪与之直接相关。因此，这些文件比以业务守则或标准为代表的所谓"软"法律或准授权立法具有更大的法律影响。实务守则的法律效力和执行能力较低，各司法管辖区的法律地位差异很大。它们的法律可执行性还取决于它们是强制性的还是自愿性的行为准则。例如，在南澳大利亚州（SA），违反规定的行为准则条款可通过 Reg5（2012年《动物福利条例》）直接执行和惩罚。另外，在一些州，如维多利亚，遵守 POCTA 法规只是为起诉提供了辩护（Johnston 等，2023）。

9. 中国

中国对动物福利保障的相关立法包括以下几个方面：

（1）对野生动物的保护和管理　包括禁止捕猎、盗猎、破坏野生动物栖息地等行为。例如《中华人民共和国野生动物保护法》《陆生野生动物保护实施条例》《水生野生动物保护实施条例》等。

（2）对实验动物的福利保护以及伦理审查　包括制定相关动物实验标准、规定减少实验动物痛苦方法等。例如《中华人民共和国实验动物管理条例》《实验动物福利伦理审查技术规范》等。

（3）对畜牧业动物的保护和管理　包括养殖条件、饲养措施、疾病防治等，旨在保障畜牧动物的健康和福利。例如《中华人民共和国畜牧法》《屠宰动物福利准则》《农场动物福利要求》《国内贸易部饲料管理办法》等。

（4）对动物的检疫和防疫措施进行管理　旨在预防和控制动物传染病，保障动物健康和公共卫生安全。例如《中华人民共和国动物防疫法》等。

为进一步实现动物福利保护，2013年，我国成立了动物福利国际合作委员会，动物福利事业开始走向正轨。同时，我国不断探索在法律层面落实动物福利保护，明确动物福利保护相关具体要求，包括饲养条件、运输、屠宰和使用等方面的规定，旨在提高动物福利保护水平。

二、国际法律保护

除了主权国家的国内立法外，一些国际组织也积极推动制定动物福利保护的国际规范，以满足动物的基本生理、心理和自然需求，减少动物不必要痛苦的动物福利理念也逐渐体现在其组织内涵和协议原则中。例如，国际畜牧业联合会(IFAP)和联合国粮食及农业组织(FAO)合作制定了《动物福利法规》。

在FAO看来，动物福利是进一步发展未来畜牧业的重要手段，也是实现联合国可持续发展目标所必须关注的问题(Badi，2018)。为此，FAO通过对运输和屠宰中的福利作出规定，意图以尽量低的生产成本来实现运输以及屠宰加工中的动物福利(胡中应，2012)。在2019年第三届世界农场动物福利大会上，FAO再次重申动物福利之于农业的重要性并且明确将关注动物福利作为全球畜牧系统发展的重点领域。

此外，世界动物卫生组织(WOAH)也发布了一系列动物福利标准，以指导国际动物贸易和养殖实践，包括：

(1)动物运输标准　规定了动物运输的最佳实践，包括运输条件、舒适性、饲养和饮水、运输设备等。

(2)动物养殖标准　设立了养殖动物的最佳实践准则，包括饲养条件、饲料和水的质量、疾病控制、行为和环境的满足等。

(3)屠宰和宰杀标准　规定了动物宰杀的最佳实践，包括无痛宰杀、宰杀设施的设计和操作、宰杀人员的培训等。

这些标准是通过科学研究和国际专家的意见制定的，并且是非强制性的。它们旨在促进国际动物贸易和养殖实践的可持续发展，并确保动物福利得到充分考虑。这些标准可以帮助国家和地区制定相关法律法规，并指导养殖和贸易从业者改善动物福利水平。

此外，联合国环境规划署(UNEP)也致力于保护生物多样性，包括动物的福利，通过制定政策和计划来推动国际保护动物福利的努力。世界动物保护协会(WAP)也致力于通过倡导和宣传来改善动物福利，坚持动物福利应融入社会和环境发展的政策和实践。

三、中国“动物福利”贸易壁垒

按照世界银行的标准，中国人均GDP超过4 200美元，已进入上中等收入水平的发展阶段，到了该关注高水平动物福利的发展阶段。重视高水平的动物福利，不仅是保障食品安全的内涵要求，更是在 WTO 规则框架下突破隐性贸易壁垒障碍的现实要求。

越来越多的人们对动物福利问题表示关注，并积极参与相关倡导和教育活动。国际组织、非政府组织和社会团体致力于提高公众对动物权益的认识，并推动制度和文化变革。这导致了在一些地区对动物福利的关注度逐渐提高。

近些年来，中国畜禽产品贸易屡遭"动物福利"隐性贸易壁垒的阻碍。部分发达国家利用不受 WTO 限制的"绿箱政策"的合理性与合法性，通过构筑高动物福利标准壁垒等方式，干扰中国农畜产品出口，以期达到保护其本国农牧产业的目的(钱颜，2018)。这对中国畜禽产品及其制品，包括中药、服务业、水产品、化妆品和皮毛等的贸易产生了较大影响。例如，畜禽产品贸易中，肉制品的饲养、运输和屠宰相关的福利问题成为欧盟国家限制中国畜禽产品出口的障碍，许多欧美国家也要求供应商提供畜禽在饲养、运输和屠宰过程中没有被虐待的证明，才能允许贸易。一些国家甚至通过立法禁止笼养鸡蛋的生产和贸易。另一个例子是中药贸易，中药的疗效越来越受到一些外国消费者的注意。然而，由于在中医中广泛使用动物药，而且一些用药方法违背了动物福利的理念，因此受到了批评和抵制。反对者认为，动物的药用价值不应通过各种方式折磨动物来证明，动物福利得不到保证。因此，熊胆粉、龟鳖丸等中药产品的贸易屡遭阻碍，甚至不含动物成分的中药或中药产品也受到影响(顾海英和王常伟，2020)。

目前，以年轻人为主体的大众媒体已日渐关注动物福利保护问题，违反动物福利的行为引起了社会的广泛关注。部分人大代表在全国"两会"上呼吁建立和完善相关法律法规，在促进社会道德建设的同时，实现对动物福利的有效保护。保护动物福利不仅是人的仁慈之心的要求，也是人与自然和谐共生理念的基本要求。对动物福利的保护，反过来也会给人类带来利益。因此，要真正保护动物福利，必须大力宣传动物福利理念，保护动物的生存环境和条件。

因此，中国必须要加强对动物福利保护理论与实践等多方面的研究。要制定有中国特色、长远引导、不断完善的与动物福利相关的法规、制度和政策。但也必须认识到，目前中国相关动物福利法规还主要局限在濒危野生动物的保护方面，对动物福利规制的关注，还处于被动应对来自贸易壁垒以及与保护野生动物、宠物等有关的外部压力，相关部门和企业虽然也采取了措施加以改进，但无论如何，还未真正上升为提升动物福利的角度，并未成为自主、自觉的行动。因此，迫切需要建立具有中国特色的动物福利相关法律法规和政策，长期引导，持续完善。建立和完善中国动物福利保护的相关法律法规，有利于树立人们对动物福利的法律意识，建立以相关法律为基础、纪律严明的高效监管体系，有效保障食品安全；有利于建立克服隐性贸易壁垒的途径，形成一套应对隐性贸易壁垒的长效机制，有效应对隐性贸易壁垒，促进国际贸易的发展和对外开发开放；更有利于转变中国传统的生产和消费方式，实现动物福利和食品安全的协调管理，促进经济与社会的高质量发展。

最后，应该加强对虐待动物的惩罚，并增加对非法行为的刑事责任范围。根据《生猪屠宰管理条例》，对非法屠宰主要采取财产处罚、行为处罚或资格处罚，只有少数危害人的生命安全的行为才承担刑事责任。然而，大多数动物福利发达国家对违反动物福利和虐待动物的行为采取刑事制裁。例如，英国规定对违反农场福利义务的工人处以不超过51周的监禁，美国北卡罗来纳州将虐待农场动物定为重罪。因此，要加大对违反动物福利和虐待动物行为的处罚力度，对造成大量动物遭受痛苦甚至危及人类安全的违法行为追究相应的刑事责任，从而更好地要求养殖、屠宰企业履行爱护动物福利的义务（宁立标和肖雨阳，2023）。

综上所述，动物福利不仅仅是一个国家对待动物的道德态度。因此，认识到动物福利和国际贸易之间的密切联系是很重要的。只有塑造良好的动物福利意识，建立健全动物福利法律制度，才能加强对动物福利的保护，避免来自动物福利发达国家的贸易壁垒。这既是中国经济发展的迫切需要，也是维护中国良好国际形象的基本要求。

四、私营部门的参与

许多企业和品牌逐渐认识到动物福利对于其形象和可持续发展的重要性，并且很多企业开始保护动物福利。

在具体的动物福利保护措施中，越来越多的公司开始承诺采取可持续和动物友好的做法。这些行动反映了业界对动物福利的重视。

（1）无笼鸡蛋　无笼鸡蛋是指不通过传统养殖方法，而是采用自由放养或者类似放养方式下鸡生产的蛋品。与传统养殖方法相比，无笼鸡蛋的区别主要体现在以下几个方面：

一是鸡只生活环境。无笼鸡蛋的鸡只一般采用自由放养、散养或者半散养方式，相对于传统养殖方法中的笼养，它们有更大的活动空间和更自然的生活环境。

二是饲养方式。无笼鸡蛋的鸡只通常会有更加自由的饲养方式，可以自由觅食、采食昆虫、草籽等，相对传统养殖方法中的饲料饲养，其饲养方式更加多样化和天然。

三是饲料成分。无笼鸡蛋的鸡只在饲养过程中，可能会摄入更多的天然饲料，如昆虫、野草等，相对传统养殖方法中的饲料，其饲料成分更加天然和多样化。

四是鸡蛋品质。无笼鸡蛋可能会具有更高的蛋白质含量、更丰富的营养成分和更好的口感，相对于传统养殖方法中的鸡蛋，其品质更受消费者喜爱。

（2）减少使用动物实验　减少使用动物实验是指在科学研究和药物测试等领域中，逐渐减少使用动物作为实验对象和测试工具的做法。这一趋势的出现有对动物权益的关注、伦理道德的考量以及科技的进步等原因。

与传统方法相比，减少使用动物实验采用了更多的替代方法和先进技术。替代方法包括体外实验、体外研究和计算机模拟等，可以更准确地模拟人体生理情况，减少对动物的依赖。同时，先进技术如组织工程、细胞培养和人体器官芯片等，也提供了更多的研究手段，使得科学家可以更全面地了解人体生理和疾病机制。

减少使用动物实验的方法还包括使用人体志愿者、回顾性研究、人体组织和细胞的捐赠，以及人工智能技术等。这些方法不仅可以更准确地模拟人体反应，还可以提供更快、更经济的研究方法。

总之，减少使用动物实验是一种倡导以替代方法和先进技术代替动物实验的科学研究和测试方法，其与传统方法相比更加符合伦理道德要求，也更能提供准确和全面的研究结果。

私营部门保护动物福利的意义有以下几点。

第一，私营部门通常具有更强的创新和发展能力，这可以促进动物福利领域的技术和方法的进步。私营公司可以投资研发新的动物福利产品、技术和服务，改善动物的生活条件和保护措施。

第二，私营部门通常有利润和可持续发展的动力，这可以确保动物福利项目的长期运行和可持续性。私营公司可以采取负责任的商业实践，确保其运营不会对动物福利造成负面影响。

第三，私营部门可以在社会中发挥重要的教育和倡导作用，提高公众对动物福利的意识和理解。通过宣传和倡导活动，私营公司可以促进社会对动物权益的重视，并传播正确的动物福利知识。

第四，私营部门的市场推动力可以对动物福利产生积极影响。消费者的购买决策和需求可以激励公司改进产品和服务，提供更高水平的动物福利标准。私营部门的竞争和市场机制可以推动行业向更好的动物福利实践迈进。

第五，私营部门可以与相关组织和政府机构建立合作和伙伴关系，共同促进动物福利事业的发展。这种合作可以整合资源、分享经验和协同行动，取得更大的成效。

五、倡导与教育保护动物福利

倡导与教育保护动物福利对保护生态平衡、维护生物多样性、促进人类健康及培养责任感和道德观念都有重要的贡献。

动物是生态系统的重要组成部分，它们在维持食物链、种群数量控制和物种多样性等方面起着关键作用。保护动物福利有助于维护生态平衡，保护整个生态系统的健康。动物是地球上众多物种的代表，每一种动物都有其独特的功能和价值。

保护动物福利有助于维持物种多样性，避免物种灭绝和生物多样性的破坏。动物福利与人类健康密切相关。保护动物福利可以降低动物疾病传播的风险，减少人类患病的可能性。此外，与动物互动可以促进人类心理健康和提供情感支持。倡导和教育保护动物福利可以培养人们对动物的关爱和尊重，增强其责任感和道德观念，从而促进社会的进步和和谐发展。

为了有效倡导和教育民众保护动物福利，可采用多种途径相辅相成的方法来实现，包括：

(1)信息宣传和社交媒体　利用各种渠道，如网络、社交媒体平台等，传播关于动物福利的知识和信息。发布相关文章、图文资料、视频等形式的内容，引起民众的关注和兴趣，增加对动物福利问题的认知。

(2)组织公众活动和宣传活动　举办公众活动，如讲座、研讨会、展览等，组织各种形式的宣传活动。通过互动和参与，让民众更深入了解动物福利的重要性，提升其关注度和参与度。

(3)教育项目和资源　在学校、社区等场所开展动物福利教育项目，提供相应的教育资源，如教材、课程、讲义等。培养下一代对动物福利的关注和保护意识，让他们成为未来的动物福利倡导者和实践者。

(4)开展组织合作　与专注于动物福利的相关组织合作，共同开展倡导和教育项目。借助它们的专业知识和资源，共同制订并实施教育计划，提升社会对动物福利的认知和支持度。

(5)示范和榜样效应　鼓励和宣传那些积极保护动物福利的个人、组织和企业的行为，让它们成为倡导的榜样。通过展示它们的努力和成果，激励更多的民众关注和参与到动物福利保护行动中来。

(6)政策倡导和参与　参与动物福利相关的政策讨论和决策过程，向政府表达对于动物福利的关切和支持。通过影响政策，推动相关法律法规的制定和执行，为动物福利提供法律保护和支持。

(7)与相关利益方沟通和合作　与政府部门、企业和社会组织等相关利益方进行沟通和合作，共同推动保护动物福利的议程。通过建立合作伙伴关系，并积极参与政策制定和实施过程，争取更好的动物福利保护措施。

(8)倡导消费者选择　倡导消费者关注动物福利，拒绝购买来自虐待动物的企业的产品，鼓励他们选择符合动物福利标准的产品和服务。通过引导消费者的行为和需求，可以对相关行业产生积极的市场压力，推动行业改善动物福利。

综上所述，倡导和教育民众保护动物福利需要多种手段和途径相结合，从多个层面进行引导和推动，确保有效传播，以达到促进动物福利保护的目标。

六、本章小结

目前,许多国家都通过了法律和法规,保护动物免受虐待。以瑞士、新西兰为代表的各国已形成了完备的动物福利保障模式,对动物在饲养、运输、实验和屠宰等方面的标准有详细且严格的规定。许多国家及国际组织都在立法中禁止野生动物贸易、禁止残酷的动物测试等来保护动物福利。

相比而言,我国的动物福利保障法律体系仍处于完善阶段。目前,已有的法律主要强调保护动物的权利,在更细致、深刻层面的动物福利相关法律还存在一定缺失。这一状况也导致我国在动物类产品出口上面临着动物福利方面的贸易壁垒挑战。因此,塑造良好的动物福利意识,建立健全动物福利法律制度,加强对动物福利的保护,是避免来自动物福利发达国家的贸易壁垒的迫切需求,也是维护中国良好国际形象的基本要求。

与此同时,许多企业和品牌逐渐认识到动物福利对于其形象和可持续发展的重要性,并且开始保护动物福利。这不仅可以在社会中发挥重要的教育和倡导作用,其市场推动力也会对动物福利产生积极影响。消费者的购买决策和需求可以激励公司改进产品和服务,提供更高水平的动物福利标准。私营部门的竞争和市场机制可以推动行业向更好的动物福利实践迈进。

另外,倡导和教育民众保护动物福利需要采取多种途径和策略,包括宣传教育、政策倡导、合作与沟通、消费者行动等。通过从个体到社会层面的努力,可以推动动物福利保护事业的发展,提高公众意识和关注度,加快动物福利政策法规的完善进度,最终实现动物福利的持续改善。

第七章　全球福利养殖发展趋势

现代规模化养殖牺牲了大量动物福利，如限制自由、滥用药物等严重影响畜禽生理与心理健康。鉴于此，近年来，众多学者开始倡导福利养殖。福利养殖是一种关注动物生活质量与健康，尽量减少动物恐惧和焦虑心理的养殖方式，旨在为畜禽提供合适的饲养环境、科学的管理方法和适宜的饲料，以确保它们的福利水平得到提升。福利养殖的形式多种多样，包括自然放养养殖、有机养殖、低抗养殖等。目前，福利养殖在全球范围内得到了越来越多的关注和推广。随着人们对食品安全和动物福利意识的提升，福利养殖已成为养殖业可持续发展的重要方向。越来越多的农场和养殖户开始采取各种形式的福利养殖，以提高产品质量，满足市场需求。

一、福利养殖的必要性

福利养殖与生产者的利益和消费者的效益息息相关，随着经济水平的不断提升，我们不得不重视福利养殖在畜禽生产中的必要性。

首先，福利养殖强调动物的健康和幸福。福利养殖所强调的核心理念之一便是关注动物的健康与幸福。在传统的养殖方式中，动物往往处于拥挤狭小的环境中，缺乏自由活动的空间，这会极大地影响它们的身心健康。相反，在福利养殖模式下，畜禽得到了更为宽敞、清洁、舒适的生活环境，养殖场会采取相应的措施保证动物的营养和饮水供应，以满足动物的基本生理和行为需求。相比于传统的养殖方式，福利养殖可以明显减少动物的压力和疾病发生率，保证了动物的健康和幸福。

其次，福利养殖有利于提高产品质量。传统的养殖方式其恶劣的环境与不合理的饲养模式，容易引起动物应激反应，导致畜禽长期处于不健康模式。福利养殖模式强调科学合理的饲养方式，确保动物获得充足、均衡的营养。这样饲养的动物产品营养丰富，符合人类的营养需求。同时，福利养殖降低了抗生素的使用，减少了抗生素残留问题。相比传统养殖模式，福利养殖的产品更为新鲜、安全、健康，符合现代人们对于食品安全的追求。

最后，福利养殖也是推动养殖业可持续发展的关键举措。随着人口的增加和对于肉类需求的不断上升，如何保证养殖业的健康发展成为了当务之急。福利养殖通过提高动物的养殖效率，减少资源浪费，降低环境污染，为养殖业的可持续发展提供了新的路径。此外，一些发达国家在动物福利方面已制定相关规定，动物福利正逐渐成为隐形贸易壁垒，成为我国畜牧业对外贸易中的一大障碍。过去，西方发达国家进口动物性产品主要检验抗生素残留等问题，如今，养殖方式不同也成为其限制进口的条件。因此，要想与世界经济接轨，在激烈的国际竞争中处于不败之地，就要重视福利养殖。

二、国外福利养殖的发展

20 世纪末，随着社会对动物福利意识的提升和食品安全问题的凸显，养殖业面临前所未有的压力。传统的密集饲养模式由于其对动物健康和生理的忽视，以及对抗生素的滥用，引发了一系列食品安全问题。于是，国外养殖业开始转向注重动物福利和健康的现代化养殖模式，以应对这一挑战。

1. 完善农场动物福利立法体系

动物福利一词最早起源于英国。1822 年英国通过的《马丁法案》是第一个以法律形式保护动物的议案。1967 年英国农场动物福利咨询委员会提出了动物福利的标准，即 5 种自由。福利养殖是为了保护动物福利，不压抑其享受生活、表达天性等自由。目前，全球已有许多国家和地区制定了专门保护动物福利的法律，保护动物福利已成为大势所趋。欧盟、美国、日本等发达国家和国际组织已有较完善的保护动物福利的法律体系。

欧盟的动物福利法覆盖领域广泛，包括了欧盟成员国联合制定和签署的多项动物福利保护公约、条约、协定，以及相关的法律法规文件等。这些动物福利法规体系涵盖了动物在各个领域以及它们在不同生存环节中，都能受到妥善对待和保护。保障措施涵盖面广泛、层次丰富，促进了欧盟在动物权益方面的承诺。尤以农场动物福利养殖保障方面的发展最为系统和完善（表 7-1）。1822 年，《马丁法案》的制定标志着首次以法律形式明确了动物保护范围，包括人类饲养的哺乳动物及野生动物。这部法案经过多次修订，直至今日仍在沿用，反映了人们对动物福利的持续关注和保护。随后，英国相继制定了《禁止残酷对待动物法案》《动物保护法》《动物福利法》《农场动物福利规范》等法律，构成了完善的动物福利与动物保护法律体系。欧盟成员国受到英国影响，也陆续开始制定专门的动物保护法律。如德国 1993 年颁布了《动物福利法》，2002 年将动物福利保护内容纳入德国基本法案。随后，奥地利、法国等国家也陆续颁布《动物福利法》，欧盟各成员国逐渐形成了以《动物福利法》为基础的法律体系。此外，为保证立法的科学性和有效性，欧盟每年都会对涉及农场动物福利的法律法规进行修改，并邀请动物卫生、动物福利、兽医委员会以及非政府机构进行研究探讨。

表 7-1　欧盟关于农场动物福利养殖的法律法规

年份	对象	法律及内容
1976	农畜	《保护农畜动物的欧洲公约》规定了农场动物的养殖环境、饲养过程中的动物福利，并列出农场动物福利五项原则
1997	牛	指令 91/629/EEC 规定禁止在狭小空间围栏养牛及给牛戴口罩
1999	猪	通过《猪权利法案》规定仔猪出生后至少有 13 天的哺乳期，猪舍内要铺有干草，放置供动物娱乐的“玩具”
2001	猪	指令 91/630/EEC 明确猪舍内部设施、养殖空间及饲养资格
2006	猪	欧盟规定禁止使用绳子栓猪
2012	鸡	指令 99/74/EC 规定禁止传统笼养方式养殖蛋鸡

1866 年美国纽约州颁布了《防止虐待动物法》，1873 年通过了第一部反对动物虐待的联邦法律《二十八小时法》。1958 年，在美国参议员休伯特的大力支持下通过了《联邦人道屠宰法案》，明确了在屠宰过程中应保障动物的福利。这项法案要求在屠宰过程中，动物应在最短的时间遭受最少的痛苦和压力，确保它们在生命的最后时刻得到尊重。畜禽在无意识以后，人们才可对其捆绑、宰杀。1966 年，美国颁布了《动物福利法》。这项法案最初是为了保护实验室动物和动物展示受到的待遇，并未涵盖农场动物。尽管如此，这一法案的实施为后续的畜禽福利立法奠定了基础。日本也出台了《动物保护管理法》《改善动物饲养指导的必要示例》以及《关于动物经营者应遵守的动物管理方法等细则》等法律条例。

2. 改善并监控畜禽动物饲养环境

欧盟出台了一系列政策福利措施，以改善畜禽动物饲养环境，提升农场动物福利。20 世纪 80 年代起，欧盟推出了单位面积载畜量标准，以鼓励养殖场采用粗放式饲养模式，并对采纳该模式的养殖场提供经济损失补贴，倡导适度规模经营。荷兰规定养殖场单位面积上允许饲养奶牛 2～3 头，超过该标准则需上交“粪便费”。英国规定畜禽养殖场应当合理布局，鼓励种养结合，实现种植业与养殖业的良性循环。此外，欧美等国家还通过先进的生产技术和科学的畜牧管理，为动物提供健康安全的饲养环境，提升动物福利。荷兰的家庭牧场都采用计算机系统进行管理。政府可以通过这一系统了解每个牧场的奶牛数量、产奶量以及奶牛的健康状况。每一头奶牛的数据都可以在乳品质量检测实验室、兽医站、育种公司等各个公共部门之间进行分享。通过检查系统，如果发现某头奶牛在特定时期的产奶量低于预期，可能暗示着奶牛有健康问题。荷兰阿默斯福特市瓦特纳牧场还为每头奶牛提供了宽敞的牛舍，确保了奶牛有足够的活动空间；并在牛棚内设置了自动通风系统，保持空气清新，有效降低了疾病传播的风险。

3. 科学搭配饲料配方

科学合理的饲养与管理是保障动物福利的基础环节。它涉及动物的营养需求、生长阶段、品种特性等诸多方面，旨在保证动物获得合适的营养，促进生长发育，提高生产性能。首先，科学搭配饲料需要充分考虑到不同种类动物的营养需求差异。其次，要根据养殖环境和饲养方式进行合理配方。比如，在放养式养殖中，动物可能会通过自主觅食获得部分营养，因此饲料中的某些成分可以适度调整；而在圈养式养殖中，则需要更为精确地提供全面的营养支持。最后，动物的生长阶段也是科学搭配饲料的重要考虑因素。幼崽期、生长期、产蛋期等阶段，对营养成分的需求是不同的，需要及时调整饲料配方，以保证动物在每个阶段都能获得最优的营养支持。欧盟成员国部分养殖场引入现代技术手段如营养学研究、成分分析等，确保饲料中的各种成分比例准确无误。

4. 减少抗生素使用

抗生素在畜禽养殖中的使用，虽然对于控制疾病传播具有一定效果，但同时也带来了一些潜在的危害，这与保障动物福利并不相容。因此，各国纷纷倡导禁止或减少抗生素的使用。瑞典在 20 世纪 80 年代便宣布全面禁止在饲料中添加抗生素等药物的做法，旨在促进动物健康生长。2003 年，欧洲议会和欧盟理事会详细阐述了对欧盟动物养殖中使用饲料添加剂的要求。2006 年，欧盟成员国全面停止使用所有抗生素生长促进剂，包括离子载体类抗生素。随后，2011 年，欧盟委员会宣布了“反病菌抗药性五年行动计划”，旨在确保人类和牲畜在使用抗生素时遵循正确的方式，并加强对兽用抗生素的监管。此外，美国在 2012 年发布的 209 号指南明确指出，在饲料中添加促生长抗生素会导致细菌产生耐药性，从而极易引发各类疾病。这一系列的举措均旨在保护动物福利与健康，同时也为人类提供了更安全的畜产品。

5. 建立畜产品“福利质量”评价体系

随着社会对动物福利关注度的不断提升以及居民消费观念的转变，畜产品的质量标准也逐渐演变，从传统的安全、营养等方面，扩展到了涵盖动物福利的多维度评价。建立畜产品“福利质量”评价体系，意味着在传统质量评价的基础上，将动物福利作为一个重要维度，全面提升畜产品的品质。2004 年，欧盟委员会联合 13 个成员国及 4 个拉美国家开展了一项在动物福利研究领域的合作计划，旨在创建全面的欧盟“福利质量”体系。在这个合作计划中，委员会明确确定了 12 项动物福利体系评价标准，以确保动物在养殖和繁衍的过程中获得适当的照顾和保护。此体系详细记录了动物源性畜产品从畜禽养殖到市场销售的各个环节中动物福利的实施情况，为保障动物的健康和福利提供了有力支持。收集的数据信息可以为生产者和消费者提供科学依据，同时也为制定农场动物福利规范提供了有力支持。这不仅督促了生产者改善动物福利，提升了畜禽产品的质量和市场竞争力，也为消费者提供了准确的产品信息，引导着消费者进行健康合理的消费选择。美国农业部也制定了一系列动物福利标准，涵盖畜禽的饲养、运输、屠宰等环节。这些标准旨在确保农场动物得到适当的照顾和保护，提高其生活质量。

三、对中国的启示

中国正处在畜牧业转型的重要时期，消费者的目标由“吃饱”向“吃好”转变，必然对动物源性食品提出更高的要求，动物福利将成为一项影响消费者购买意愿的重要因素。因此，我国可以先加强动物福利的公益宣传教育，帮助消费者理解人类健康与动物福利的关系。制定统一的动物福利评价标准和指标体系，建设畜产品动物福利信息平台，将动物福利上升到食物安全的高度，使动物福利成为影响消费者购买意愿的重要因素之一。建立完善配套的动物福利法规体系，明确养殖者的责任与义务，推动养殖业朝着法治化的方向发展。保障内容既包括不同品种的畜禽，还应对动物生存的各环节制定相应的福利标准。此外，结合欧盟等经验来看，不能仅依靠法律约束，还应综合运用多种政策工具，如将福利养殖政策与养殖补贴相挂钩，通过经济激励促进养殖场采取福利养殖方式。

第八章　兽用抗生素使用的挑战与对策：国际经验及其启示

兽用抗生素具有抑制和灭杀细菌的作用，其在治疗或预防畜牧疫病，降低发病率与死亡率，避免畜牧养殖业产生较大的经济损失等方面发挥了重要作用。但不合理与过度使用不仅会影响畜牧产品质量安全，还会危害人体健康。目前，我国畜牧养殖业存在兽用抗生素使用的两大主要问题，一是细菌产生耐药性，二是抗生素排放残留。从理论角度来看，这对于自然生态环境以及人类食用畜牧产品都带来了负面影响。兽用抗生素又被称为促生长类抗生素或者饲用抗生素，因其主要以亚治疗剂量为主，通过饲料添加，具有提高饲料利用率，促进动物生长和改进品质等优点。随着畜牧产品需求上升，畜牧业逐渐转向产业化、集约化与低成本化，全球范围内开始广泛使用甚至滥用亚治疗剂量抗生素。长期以来，由于对其负面影响了解不足，导致对兽药使用的监管不够严格，几乎所有人对抗生素都可自由使用。甚至像硫酸黏菌素这样用于治疗"超级细菌"的抗生素，在过去也被用于促进动物生长。

一、兽用抗生素的使用现状与问题

1. 我国兽用抗生素减量化行动取得初步成效

我国兽用抗生素减量化行动取得初步成效，但仍是兽用抗生素使用量最大的国家之一。已有文献和资料显示，中国每年生产的抗生素中，有至少 50％被用于畜牧养殖业，占全球兽用抗生素使用总量的 23％，远超其他国家（朱永官等，2015）。仅硫酸黏菌素（一种治疗强耐药菌的抗生素）在 2014 年的使用量就高达 2 875 t。表 8-1 显示我国 2009—2020 年兽用抗生素使用情况，我国兽用抗生素总使用量在 2009—2014 年持续上升。自农业部 2015 年通过《全国兽药（抗菌药）综合治理五年行动方案（2015—2019 年）》，我国兽用抗生素使用情况有所改善。与以往相比使用兽药总量显著减少，但减量成果并不稳定，2019—2020 年较上年均有上升，且总量仍位居世界前列。2018 年我国平均每产出 1 t 动物产品，使用兽用抗菌药物量为 140 g，高于发达国家（周伟良和刘锋，2020）。据《2020 年中国兽用抗菌药使用情况报告》统计，2020 年我国使用的兽用抗生素超过 3.2 亿 t，71.31％

用于治疗用途，28.69%用于促生长用途。使用数量排名前三的分别为四环素类、磺胺类及增效剂和β-内酰胺类及抑制剂，合计占比高达56.1%。

表 8-1　2009—2020 年兽用抗生素使用情况

年份	2009	2010	2011	2012	2013	2014
总使用量/t	28 341	31 411	45 161	48 928	56 151	69 292
较上一年变化幅度/%	—	10.83	43.77	8.34	14.76	23.40
较 2009 年变化幅度/%	—	10.83	59.35	72.64	98.13	144.49
年份	2015	2016	2017	2018	2019	2020
总使用量/t	52 119	44 186	41 967	29 774	30 904	32 776
较上一年变化幅度/%	−24.78	−15.22	−5.02	−29.05	3.80	6.06
较 2009 年变化幅度/%	83.90	55.91	48.08	5.06	9.04	15.65

数据来源：农业农村部官方网站兽医公报历年数据整理，网址：http://www.moa.gov.cn/gk/sygb/。

2. 兽用抗生素滥用诱导细菌产生耐药性

由于亚治疗剂量抗生素并不能完全杀灭细菌，长期过量使用可能对机体内的有益菌群生长和繁殖产生不利影响，破坏消化肠道的天然免疫力，导致体内微生态平衡紊乱，从而显著减弱后续使用抗生素的疗效，诱导细菌产生耐药性。四川等地的猪源性大肠杆菌已对十几种常用抗菌药表现出多重耐药性。细菌耐药性的产生不仅使抗生素的治疗效果大打折扣，更重要的是，耐药菌株的耐药基因可相互传递，催生出“超级细菌”和“超级病菌”。这些微生物对抗生素失去了敏感性，因此无法通过药物治疗，增加了治疗畜牧细菌性疾病的难度(王帅兵等，2009)。

3. 兽用抗生素滥用导致药残超标，危害人类健康

如果没有严格按照规定的剂量和使用周期进行施药，就容易导致抗生素在动物机体某些部位或器官蓄积，超过安全阈值。过量残留的不可降解的抗生素会随着动物产品进入人类食物链，长期食用此类动物产品会危害人体健康。四环素类等抗生素会引发部分人群的过敏反应，轻者出现皮肤瘙痒、红肿等症状，重者出现过敏性休克。氨基糖苷类抗生素则会损伤人们的听力。某些抗生素还会引起畸形、癌症以及基因突变等严重后果(程兆康等，2022)。此外，长期高剂量地使用同一种抗菌药物也会增强动物体内微生物的耐药性。这些微生物可能通过直接接触家畜等途径进入人体，若引发人体感染，耐药性的增加会加大治疗难度，威胁公共卫生安全。抗生素耐药性问题是当前全球十大健康威胁之一。预计到2050年，与耐药性相关的疾病将导致全球死亡人数增加到1 000万。在此期间，预计经济损失将达到100万亿美元左右，约为2018年中国全年国内生产总值的8倍。

4. 兽用抗生素导致环境的污染

兽药一旦进入动物体内，一部分会被机体代谢和利用，剩下未被吸收部分则以

粪便或尿液中的代谢物形式进入水体、土壤等环境中。据估算，我国畜禽粪便的总产量高达 38 亿 t，大约 30%不经任何处理直接当作肥料施用于土壤中（成登苗等，2018）。这导致在我国部分地区由粪肥施用引发的土壤环境抗生素污染问题已相当严重。浙北地区粪肥施用土壤中四环素类抗生素的残留量被检测到为 800～6 006 μg/kg（张慧敏等，2008）。此外，由于抗生素在污水处理厂中也难以被有效降解，再加上畜牧企业为了节约成本往往缺乏相应的处理设施，选址通常靠近水源，导致兽用抗生素更容易进入河流、地下水中。中国科学院一项长达 30 年的调查结果显示，我国 58 个主要河流流域均存在不同程度的抗生素污染，分布在河岸的养殖场是主要污染源之一。土壤与河流等外部环境中存在抗生素会影响生活在周围的野生动植物与微生物的正常生物转化过程，威胁生态安全，直接或间接地危害自然环境。

5. 阻碍养殖业可持续发展

长期过度使用兽用抗生素也会对养殖行业造成多方面的负面影响。短期内，促生长类抗生素可以提高饲料转化率，促进畜禽生长，加快出栏速率，提高经济效益。但长期来看，一方面，它可能抑制动物机体免疫系统的正常发育，降低动物的抗病能力并诱导细菌产生耐药性，这会影响畜禽疫苗接种的效果，增加免疫失败率与动物感染疾病的风险，进而使治疗预防的成本上升，为养殖业增添更多的经济负担；另一方面，兽药滥用也导致中国产出的肉类、蛋类等动物产品的安全与质量难以符合国际出口标准，这制约了肉类、蛋类等动物产品的国际贸易，阻碍其打入国际市场。如果这一问题不加以重视，将成为我国养殖业可持续发展与对外扩展的一大障碍（刘晓莹等，2022）。

二、兽用抗生素管理的国际经验

美国与欧盟相关机构主要从耐药性变化的监测和抗生素亚治疗剂量的管理等方面解决兽用抗生素带来的问题，以期实现规范兽用抗生素的使用，减少使用量，改善细菌耐药性的不断上升的趋势，最终降低其对环境与人体健康危害的目的。

1. 有完善的国家级数据库支持政府决策和科学研究

1996 年，在食品与药物管理局（FDA）、农业部（DA）和疾病控制与预防中心（CDC）的组织下，美国建立了国家耐药性监测系统。该系统的成立主要包含以下目标：减缓“超级细菌”出现的速度，加强“超级细菌”的监测，加速新型抗菌药物的研发等（吴博等，2021）。该系统重点关注大肠杆菌、沙门氏菌等细菌，定期监测与发布美国食源性微生物的耐药性数据，以帮助人们更好理解抗菌药物耐药性的信息（易湛苗和张晓乐，2014）。目前监测范围已扩展到覆盖猪、牛、鸡等多个动物类别以及人类来源菌株的耐药情况，涵盖了全部人畜共用的抗生素。1998 年欧盟也成立了细菌耐药性监测系统，要求各国密切监控并收集耐药性细菌数据。2011 年欧盟成立抗菌药物使用量监测网，发布了与耐药性以及兽用抗生素使用相关的数据（刘跃华等，2019）。这些数据不仅可以帮助政府部门及时调整政策，还可以为相关科学家发表一系列指导性研究成果提供长期的数据支持。

2. 建立抗生素的分级制度，为限抗、禁抗、替抗等措施划定明确的目标

2003 年，美国食品与药物管理局（FDA）对 80 余种人畜共用抗生素进行了分级，根据与人类医学相关性和重要性的不同将其划分为 3 个等级，等级越高表示使用更限定于治疗而非促进动物生长。2009 年，美国政府进一步规范了兽用抗生素的使用方式。2017 年起，美国正式实施了“限抗令”，全面禁止畜禽饲养中添加促生长类抗生素，预防、治疗类抗生素也受到非常严格的管控。相较之下，欧盟早在 2006 年就已经全面禁止了畜牧业使用促生长类抗生素。2011 年还宣布了“反病菌抗药性五年行动计划”，确保正确使用抗生素。然而，美国、欧盟等的监管措施在短期内并未有效抑制抗生素耐药性不断上升的趋势。研究表明，即便在美国和欧盟彻底禁用了亚治疗剂量抗生素后，大肠杆菌、沙门氏菌等主要食源性细菌的耐药样品数的比例并没有出现明显的下降，有些甚至还在不断上升。

3. 强调兽医作为直接使用者和相关信息统计者的责任和重要地位

兽医负责抗生素的实际使用，他们可以根据动物的病情、体重、年龄等特征，量身定制合适的抗生素治疗方案，并监测动物的病情和治疗效果，及时调整治疗方案。同时，兽医也是相关信息的记录者，能够提供抗生素使用的详细数据。无论是禁用抗生素促进动物生长，还是规范使用抗生素，最终都需要依赖基层兽医来实施。美国和欧洲均规定，人畜共用的抗生素需要兽医开具处方证明才能合法使用。这种监管方法也对基层兽医的专业素质和职业操守有着更高的要求。在限制具有重要医学用途的人畜共用抗生素用于促进动物生长后，美国和欧洲都出现了治疗用抗生素与总抗生素用量反弹的情况。一方面，当亚治疗剂量抗生素被广泛禁用后，一些疾病在短期内可能会增加，导致了治疗用抗生素的使用增加。另一方面，在实际操作中，农场主可能会受到市场需求、经济利益等方面的压力，以预防疾病等目的通过兽医轻易地获取处方，继续使用抗生素促进动物生长。丹麦会对兽医进行监督和审查，如果在审查过程中兽医开具的抗生素偏高，则会约谈该兽医，督促其按照新法规降低抗生素使用量。

4. 对畜牧企业进行数据管理，对过量使用抗生素的企业进行处罚

在禁用亚治疗剂量抗生素后，养猪大国丹麦也出现了抗生素使用情况反弹的情况。为此，丹麦政府采取了“黄牌”政策，对超过规定阈值的养殖企业颁布黄牌，并需要在规定时间内将抗生素使用量降低到规定范围内。否则，养殖企业将收到一张红牌，面临强制缩减经营规模的处罚。此外，丹麦有着一个兽药统计数据库，详细记录了每一个猪群的用药情况。药店向养猪户出售药品之后，需要上报猪群识别号、诊断结果、药品数量和名称、兽医姓名等信息。这一系列措施最终实现了降低并规范抗生素使用量的目标。目前，丹麦在兽用抗生素单位用量方面尚不到美国的1/3（陈萌萌等，2022）。

三、对我国兽用抗生素管控的启示建议

从我国发布的一系列遏制微生物耐药国家行动计划可以看出，我国兽用管控政策已涵盖了监控细菌耐药性，实施抗生素的分级管理等有效措施，但为了进一步加强管控，我们可以借鉴国际相关经验，注意以下方面。

1. 出台明确的奖惩政策，做到有法可依、有法必依

我国可以建立健全细菌耐药性的监控网络，加强对抗生素使用和细菌耐药情况的实时监测，及时发现和应对潜在风险。根据畜牧业的实际情况，分级分类管控兽用抗生素，并制定合适的抗生素使用配额。同时，需要建立明确可行的奖惩措施，对超出配额的企业进行罚款、约谈，更严重的情况可以加大处罚力度，在罚款的基础上进一步采取强制缩减养殖规模的措施。对于低于配额的养殖者，可以适当减免税收或给予补贴，并通过媒体宣传鼓励他们的做法。严格落实抗生素使用追溯体系，依法加强兽药企业监管，实施兽药销售、使用登记制度，并不定期抽查相关档案。此外，也应鼓励养殖者使用国家批准的抗生素替代产品，并着重培养他们对抗生素滥用危害的意识，提升社会责任感。随着时间推移，逐步实现限制和禁止抗生素的目标。

2. 倡导添加畜产品“减抗、无抗”标签，提高养殖户执行力

随着居民收入的不断提升，消费者日益重视畜产品品质，他们更愿意为高品质的畜产品支付溢价。清晰、可追溯标签的引入可以使消费者在购买畜产品时更加放心，知道所购买的产品符合健康安全的要求，不会因抗生素残留而对人体健康造成危害。研究发现人们愿意支付高达76.7%的溢价来购买未使用抗生素的猪肉，价格溢价在0.68～4.72美元。因此，生产者为了提高收益会更加谨慎地使用抗生素，遵循科学用药的原则，从而减少滥用抗生素的情况。比如，在畜产品的初级生产环节中，优先选择高效无残留、不易产生抗药性的畜禽专用抗菌素，或者在饲料中添加活菌制剂来替代抗生素。

3. 要给予养殖者和管理部门一个过渡期，提高养殖设施、养殖模式的现代化水平

需求决定市场。肉蛋奶等动物性产品是人们日常饮食消费的重要品种，我国目前有超过14亿人口，肉蛋奶日常需求较大。如果在养殖设施与技术手段尚不能支持完全禁止使用抗生素的情况下，骤然禁止全面使用抗生素，势必会对我国肉蛋

奶日常供应造成不小的冲击。美国、丹麦等国拥有先进的养殖设施和管理模式，从根本上降低了疫病风险。因此，当政府开始实施限制、禁止抗生素使用的政策时，养殖企业仍能保持较高的收益，确保了政策的可持续性。然而，在养殖设施和手段尚不能够满足禁止抗生素使用的条件下，如果强行实施禁抗政策，可能会导致疫病大规模暴发。正如在20世纪80年代瑞典试图实施禁抗政策时所发生的情况，不仅抗生素的使用量出现明显反弹，甚至影响到猪肉供应的稳定，最终禁抗政策只能草草收尾。

4. 提高基层兽医的技术水平，强化培训，科学合理使用兽用抗生素

目前，许多基层兽医缺乏对细菌耐药性危害的认识，且知识相对薄弱，在实际治疗过程中可能会加大剂量或不能对症下药。因此，有关部门应当强化宣传兽用抗生素滥用的危害，加强指导培训，制定用药指南与方案，提高基层兽医的基础用药知识与技术水平，科学使用抗生素。此外，我国乡（镇）、村级兽医队伍也存在一系列问题：年龄普遍偏大，学历相对较低。在乡（镇）畜牧兽医站的工作人员中，中专及以下学历者占46.2%，40岁以上的占61.2%；而在村级，40岁以上的工作人员占比甚至高达71.1%。基层兽医的工作强度较大，办公条件也相对艰苦，然而相对应的收入水平却偏低。根据2017年中国社科院发布的《国人工资报告》，农林牧渔业从业者，包括兽医在内，长期以来收入低于全国平均水平。相比之下，美国兽医毕业后的年收入远高于美国家庭年收入中位数。这表明我国兽医收入水平相对滞后，也凸显了改善乡村兽医队伍的急迫性。相关部门可适当提高基层兽医福利待遇，吸引受教育程度相对较高的年轻人进入该行业，提升基层兽医整体素质。

5. 支持抗生素替代产品商业化、系统化的研发

针对抗生素所带来的不良反应，目前各个科研机构正在积极展开各类抗生素替代产品的研究，也已经取得了一些令人瞩目的成就。目前，如抗菌肽、饲用酶制剂、中草药等产品已逐渐取代了抗生素在养殖生产中的应用。但是这其中涉及的诸多问题还需进一步深入验证，包括产品成本、效果稳定性、使用便捷性、潜在的环境污染等。同时，这些产品在保障健康和促进生长两方面的效果是否能够同时兼得也需要进一步考量。实际上，目前几乎所有的抗生素替代产品仍处于实验室研究阶段，难以同时具备物美价廉的特点。因此，对于抗生素替代产品的研发，应当以商品化为主导，探索多种抗生素替代物质的联合使用，以期发挥可能出现的协同效应，避免各自独立研发所带来的局限性。

第三篇

专题分析

第九章　畜禽低抗养殖经济社会效益评价

中国是畜禽产品生产与消费大国，规模化养殖已成为我国现代畜禽产业发展的主要方向。然而，在我国畜禽规模化水平不断提升的同时，畜禽健康问题日益凸显，其中抗生素残留问题备受关注。抗生素的使用不仅可以有效预防和治疗多种畜禽疾病，还能降低畜禽养殖企业的生产风险和经营成本。同时，抗生素的过度使用也容易导致畜禽体内的细菌耐药性不断加强，肠道菌群失调，免疫力低下。抗生素长期滥用除了影响动物健康，还会造成抗生素残留，进而通过食物链进入人体，危害人体健康。此外，不可降解的抗生素还会通过排泄途径流向外部环境，污染土壤与水资源。这一系列问题使得养殖业在抗生素使用方面面临着诸多挑战。如何规范抗生素的合理使用，有效降低抗生素的用量，平衡抗生素使用所带来的积极效果与负面影响，成为养殖行业亟待解决的重要问题。2019 年农业农村部发布《中华人民共和国农业农村部公告 第 194 号》，并明确规定自 2020 年 7 月 1 日起，禁止在饲料中添加除中药外的其他促生长类药物饲料添加剂，使得中国畜禽养殖业正式迈入低抗时代。随后，2021 年农业农村部印发《全国兽用抗菌药使用减量化行动方案(2021—2025 年)》，以生猪、鸡鸭、牛羊等畜禽品种为重点，稳步推进兽用抗生素使用减量化行动，遏制动物源细菌耐药性上升趋势。

鉴于猪肉和鸡肉在我国居民动物类食品消费中占据主导地位，探讨生猪和肉鸡养殖场的低抗养殖问题可能更具代表性。因此，为了准确评估在畜禽养殖过程中降低抗生素使用量所带来的经济社会效益，本章将侧重分析猪肉和鸡肉两大养殖类别中抗生素减量使用所产生的经济效果。根据整体研究设计，我们在 2022 年 8—10 月期间，在农业农村部农村经济研究中心、北京大北农科技集团股份有限公司、新希望集团有限公司等单位与企业的协助下，对山东、山西、河南、北京等地的生猪和肉鸡养殖场进行了问卷调查。根据样本养殖场的存栏量情况，我们按照大、中、小三类养殖规模，对生猪和肉鸡养殖场的生产成本与收益进行了对比分析，并对两类养殖场在采用低抗生素技术后的经济效益变化进行了细致的测度和分析。

一、畜禽低抗养殖的经济效益评价

养殖场是实施畜禽低抗养殖技术的具体实施者。只有确保养殖主体在经济上能够获得合理利益，才能更加有效地推动低抗养殖模式的普及和推广。因此，有必要结合养殖场当前的生产经营效益，对样本养殖场当前的各项养殖成本收益指标进行量化测度分析，以便后续更好地探讨低抗养殖可能带来的成本与效益变化。鉴于此，报告将从生产端视角出发。

（一）不同规模养殖场的养殖成本收益分析

近年来，我国的畜禽养殖业发展显著。随着畜禽存栏量的快速增加，规模化养殖水平也持续提高，呈现出各具特色的发展层次和多元化发展趋势。由于规模经济效应的存在，不同规模的养殖场在生产技术条件、饲料供应能力、仔畜采购途径、养殖管理标准、产品议价能力等方面存在差异，从而导致它们的成本和收益也各有不同。为了更深入地了解这些差异，本章从不同规模的角度入手，对生猪和肉鸡养殖场的生产成本进行详细的比较和分析。

本次调研的对象为规模化养殖场。从低抗养殖的实施情况来看，受访的养殖场普遍采用了各种不同的低抗养殖技术。在受访养殖场的存栏规模方面，生猪养殖场的存栏规模分布在千头以下至 50 万头之间，而肉鸡养殖场的存栏规模则在 10 万只至 1 500 万只之间。鉴于此，结合受访养殖场的存栏规模情况，本章节将样本群体分为小规模、中等规模和大规模 3 类，并对这 3 类规模的养殖场在开展低抗养殖后的成本与收益情况进行了详细测算与分析，具体测算结果请参见表 9-1 和表 9-2。

1. 生猪养殖场成本收益情况

在小规模生猪养殖场方面，每头生猪的总成本为 2 022 元/头，总收益为 3 169 元/头，净利润为 1 147 元/头，成本利润率为 56.73%。具体来说，每头生猪的直接成本包括：饲料费 1 445 元/头、猪仔费 385 元/头、疫苗药物费 65 元/头、水电燃料费 26 元/头、人工费 49 元/头。每头生猪的间接成本包括：土地租赁费 13 元/头、固定资产折旧费 11 元/头、运输费 13 元/头、其他费用 15 元/头。

在中等规模生猪养殖场方面，每头生猪的总成本为 2 065 元/头，总收益为 3 182 元/头，净利润为 1 117 元/头，成本利润率为 54.09%。具体来说，每头生猪的直接成本包括：饲料费 1 485 元/头、猪仔费 421 元/头、疫苗药物费 61 元/头、水电燃料费 32 元/头、人工费 35 元/头。每头生猪的间接成本包括：土地租赁费 8 元/头、固定资产折旧费 10 元/头、运输费 6 元/头、其他费用 7 元/头。

在大规模生猪养殖场方面，每头生猪的总成本为 1 806 元/头，总收益为 3 028 元/头，净利润为 1 222 元/头，成本利润率为 67.66%。具体来说，每头生猪的直接成本包括：饲料费 1 168 元/头、猪仔费 490 元/头、疫苗药物费 46 元/头、水电燃料费 28 元/头、人工费 35 元/头。每头生猪的间接成本包括：土地租赁费 11 元/头、固定资产折旧费 9 元/头、运输费 8 元/头、其他费用 11 元/头。

综上所述，对比3类规模的养殖场的成本与收益情况，可以得出以下结论：首先，在养殖成本方面，中等规模养殖场的单头生猪养殖成本最高，其次是小规模养殖场，大规模养殖场的单头生猪养殖成本最低。然而，小规模与中等规模养殖场的单头生猪养殖成本差异并不显著。其次，在养殖收益方面，中等规模养殖场的单头生猪养殖收益最高，小规模养殖场次之，大规模养殖场的单头生猪养殖收益最低。与成本相比，小规模与中等规模养殖场的单头生猪养殖收益差距并不明显。最后，在养殖利润方面，大规模养殖场的单头生猪养殖利润最高，小规模养殖场次之，中等规模养殖场的单头生猪养殖利润最低。值得一提的是，小规模与中等规模养殖场的单头生猪养殖利润差异并不十分显著，而大规模养殖场在单头生猪养殖利润方面具有较为明显的优势。

表 9-1　生猪养殖场成本收益　　　　单位：元/头

生猪成本收益	小规模（5 000 头以下）	中等规模（5 000～50 000 头）	大规模（50 000 头以上）
直接成本			
饲料费	1 445	1 485	1 168
猪仔费	385	421	490
疫苗药物费	65	61	46
水电燃料费	26	32	28
人工费	49	35	35
间接成本			
土地租赁费	13	8	11
固定资产折旧费	11	10	9
运输费	13	6	8
其他费用	15	7	11
总成本	2 022	2 065	1 806
收益			
单头出栏价格	3 154	3 161	3 028
副产品收益	15	21	0
总收益	3 169	3 182	3 028
净利润	1 147	1 117	1 222

2. 肉鸡养殖场成本收益状况

在小规模养殖场方面，每只肉鸡的总成本为 23.45 元/只，总收益为 27.41 元/只，净利润为 3.96 元/只，成本利润率为 16.89%。具体来看，每只肉鸡的直接成本包括：饲料费 16.6 元/只、鸡苗费 3.2 元/只、疫苗药物费 1.02 元/只、水电燃料费 0.64 元/只、人工费 0.82 元/只。间接成本包括：土地租赁费 0.23 元/只、固定资产折旧费 0.54 元/只、运输费 0.1 元/只、其他费用 0.3 元/只。

在中等规模养殖场方面，每只肉鸡的总成本为 19.75 元/只，总收益为 23.8 元/只，净利润为 4.05 元/只，成本利润率为 20.51%。具体来看，每只肉鸡的直接成本包括：饲料费 13.99 元/只、鸡苗费 2.63 元/只、疫苗药物费 0.69 元/只、水电燃料费 0.47 元/只、人工费 0.73 元/只。间接成本包括：土地租赁费 0.17 元/只、固定资产折旧费 0.50 元/只、运输费 0.19 元/只、其他费用 0.38 元/只。

在大规模养殖场方面，每只肉鸡的总成本为 18.08 元/只，总收益为 21.66 元/只，净利润为 3.58 元/只，成本利润率为 19.80%。具体来看，每只肉鸡的直接成本包括：饲料费 12.94 元/只、鸡苗费 2.38 元/只、疫苗药物费 0.71 元/只、水电燃料费 0.24 元/只、人工费 0.61 元/只。间接成本包括：土地租赁费 0.09 元/只、固定资产折旧费 0.49 元/只、运输费 0.23 元/只、其他费用 0.39 元/只。

综上所述，从 3 类规模养殖场的成本与收益情况对比来看，随着养殖规模的增加，单只肉鸡的养殖总成本逐渐降低。然而，在单只肉鸡的售价上，各类规模的养殖场并未表现出明显的规模效应。这可能是因为小规模养殖场的销售渠道更为灵活，能够获得更高的市场售价。在单只肉鸡的利润方面，小规模养殖场具有较为明显的优势。

表 9-2　肉鸡养殖场成本收益　　单位：元/只

肉鸡成本收益	小规模（100 万只以下）	中等规模（100 万～200 万只）	大规模（200 万只以上）
直接成本			
饲料费	16.6	13.99	12.94
鸡苗费	3.2	2.63	2.38
疫苗药物费	1.02	0.69	0.71
水电燃料费	0.64	0.47	0.24
人工费	0.82	0.73	0.61
间接成本			
土地租赁费	0.23	0.17	0.09

续表9-2

肉鸡成本收益	小规模（100万只以下）	中等规模（100万～200万只）	大规模（200万只以上）
固定资产折旧费	0.54	0.50	0.49
运输费	0.1	0.19	0.23
其他费用	0.3	0.38	0.39
总成本	23.45	19.75	18.08
收益			
单只出栏价格	27.37	23.8	21.66
副产品收益	0.04	0	0
总收益	27.41	23.8	21.66
净利润	3.96	4.05	3.58

（二）畜禽低抗养殖的经济价值分析

为了有效评估养殖场使用低抗养殖技术所带来的经济效益，我们又对样本养殖场在采用低抗养殖技术后，畜禽的患病率、死淘率、料肉比、出栏价格、养殖成本以及养殖场的总收益等指标进行了调查。我们将逐一分析上述指标的变化情况，以便探讨低抗养殖技术在生猪养殖场与肉鸡养殖场的经济效益。具体的数据请参见表 9-3 与表 9-4。

1. 低抗养殖对生猪养殖场经济效益的影响分析

表 9-3 为生猪养殖场使用低抗养殖技术后相关养殖环节变化情况。使用低抗养殖技术后，生猪养殖场在生产环节方面出现了一系列变化。具体来看，43.90％的受访生猪养殖场患病率有所下降，降幅达 5.15％；死淘率也在 43.90％的受访养殖场中出现下降，降幅为 1.12％；另外，31.71％的受访生猪养殖场料肉比呈现下降趋势，降幅为 2.18％。然而，36.59％的生猪养殖场患病率没有发生变化，41.46％的养殖场死淘率保持稳定，56.10％的养殖场料肉比也保持不变。生产环节的变化直接影响了养殖成本。据调研数据显示，43.90％的受访生猪养殖场的养殖成本有所下降，下降幅度达到了 3.19％；而 26.83％的受访生猪养殖场的养殖成本没有发生变化。值得一提的是，只有少数生猪养殖场的养殖成本出现了上升，而这部分养殖场的比例相对较小。

从销售环节来看，在使用低抗养殖技术后，24.39％的受访生猪养殖场表示其出栏价格有所上升，增幅为 4.16％。然而，绝大多数（63.41％）的养殖场出栏价格保持不变，只有少部分(12.20%)养殖场表示出栏价格有所下降。

综合考虑养殖成本和出栏价格的影响，31.71%的受访生猪养殖场表示养殖利润增长，增幅为4.84%；41.46%的养殖场养殖利润保持不变；相对来说，只有26.83%的养殖场养殖利润有所下降，降幅为5.80%。

总的来说，低抗养殖技术对于生猪养殖场的生产经营成本和养殖利润产生了一定的影响。其中，大多数养殖场在采用低抗养殖技术后，养殖成本出现了下降；同时，较大比例的养殖场通过低抗养殖技术促进了养殖利润的增加。值得一提的是，在低抗养殖技术实施的初期阶段，由于需要投入新技术和设备，以及增加相关生产资料，可能会导致生产成本上升。举例来说，在使用中兽药减抗技术时，中兽药作为抗生素的替代品，其价格可能高于相应抗生素，从而导致养殖成本的上升。此外，投入相关的畜禽健康监控设备，虽然有助于通过环境控制降低抗生素的使用量，但也可能因新设备投入而增加养殖成本。然而，从长期来看，通过降低抗生素的使用，有助于解决生猪耐药性不断升高的问题，促进生猪健康生长，降低疫病防治与治疗费用，进而实现降低成本的目标。

表 9-3 生猪养殖场开展低抗养殖的经济效益变化 单位：%

指标		患病率变化	死淘率变化	料肉比变化	养殖成本变化	出栏价格变化	养殖利润变化
降低	养殖场数量占比	43.90	43.90	31.71	43.90	12.20	26.83
	降低比例	5.15	1.12	2.18	3.19	5.00	5.80
不变	养殖场数量占比	36.59	41.46	56.10	26.83	63.41	41.46
	不变比例	0.00	0.00	0.00	0.00	0.00	0.00
增加	养殖场数量占比	19.51	14.63	12.20	29.27	24.39	31.71
	增加比例	6.10	2.75	4.02	5.09	4.16	4.84

2. 低抗养殖对肉鸡养殖场经济效益的影响分析

表9-4为肉鸡养殖场使用低抗养殖技术后相关养殖环节变化情况。在生产环节方面，部分肉鸡养殖场在使用低抗养殖技术后，肉鸡的患病率、死淘率以及料肉比都有所降低。具体来看，22.73%的受访肉鸡养殖场表示肉鸡的患病率下降，降幅达到了6.25%；同样，22.73%的受访养殖场表示肉鸡的死淘率下降，降幅为1.87%；此外，31.82%的养殖场表示肉鸡的料肉比降低，降幅为3.21%。这些变化对养殖成本也产生了影响。13.64%的受访养殖场表示肉鸡养殖成本出现了下降，降幅为1.00%。另外，有50%的养殖场表示养殖成本并未因为低抗养殖技术的采用而发生变化；而36.36%的养殖场表示养殖成本有

所上升，其中的原因可能是部分抗生素替代物在疾病预防与治疗方面的效果略弱于抗生素，再加上新的低抗养殖技术正处于逐步完善和应用的过程，从而导致了养殖成本的上升。但总体来说，低抗养殖技术在降低成本方面发挥了一定的作用。

在销售环节方面，低抗养殖技术的实施在一定程度上促使了肉鸡的销售价格上升。有 13.64％的养殖场表示，在采用低抗养殖技术后，肉鸡的出栏价格出现了上涨，涨幅为 1.02％。这一上涨可能是因为低抗养殖技术的实施导致了鸡肉中抗生素残留量的降低，消费者出于健康饮食的考虑，愿意为低抗鸡肉产品支付更高的价格，从而推动了低抗肉鸡的出栏价格上升。然而，绝大多数受访养殖场表示，并未因为实施低抗养殖技术而获得更高的出栏价格，占比高达 77.27％。因此，在假设消费市场愿意为低抗畜禽产品支付更高售价的情况下，可以通过在产品标识中强调是否为低抗养殖产品，利用市场经济力量对开展低抗养殖生产的养殖场进行经济激励，从而推动低抗养殖的普及。

从养殖总利润的角度来看，在生产环节和销售环节的共同作用下，部分养殖场的养殖利润发生了变化。具体来看，13.64％的受访养殖场表示养殖利润出现了增加，增幅为 5.04％；59.09％的养殖场表示养殖利润保持不变，而 27.27％的养殖场表示养殖利润出现了下降，降幅为 4.00％。

综上所述，低抗养殖模式的采用在一定程度上影响了肉鸡养殖场的养殖成本和养殖利润，但变化的方向并不完全一致，包括增加、不变和降低 3 种情况。总体来看，低抗养殖模式在一定程度上实现了节本增收的效果。此外，肉鸡养殖场在采用低抗养殖模式时，也存在着短期效益与长期效益的情况，与前述生猪养殖场的情况相一致，在此不再重复报告。

表 9-4　肉鸡养殖场开展低抗养殖的经济效益变化　　单位：％

指标		患病率变化	死淘率变化	料肉比变化	养殖成本变化	出栏价格变化	养殖利润变化
降低	养殖场数量占比	22.73	22.73	31.82	13.64	9.09	27.27
	降低比例	6.25	1.87	3.21	1.00	1.00	4.00
不变	养殖场数量占比	45.45	54.55	40.91	50.00	77.27	59.09
	不变比例	0.00	0.00	0.00	0.00	0.00	0.00
增加	养殖场数量占比	31.82	22.73	27.27	36.36	13.64	13.64
	增加比例	3.00	3.00	5.67	3.25	1.02	5.04

二、畜禽低抗养殖的社会效益评价

畜禽低抗养殖是通过综合应用多种减抗技术，旨在减少养殖过程中的抗生素使用，进而减缓抗生素残留问题，同时降低畜禽对抗生素的耐药性等相关挑战。总的来看，低抗养殖技术的推广和应用，不仅对提升养殖场的经济效益具有积极影响，也有利于确保食品安全、维护生态平衡，以及提升畜禽的整体健康水平。同时，畜禽低抗养殖也是促进养殖业可持续发展的重要举措之一。因此，我国政府已采取了多项政策措施来规范和管理养殖用药，以减少动物养殖中滥用抗生素的情况，引导养殖业向更加可持续的方向发展。在具体技术应用方面，中兽药的替代以及微生态制剂等低抗技术的研发，不仅推动了兽药和生物制造等相关产业的升级，也有利于培育和壮大战略性新兴产业。总的来看，结合社会效益评价指标和实际养殖场经营情况，本部分将主要从食品安全、生态环境、畜禽健康、养殖业可持续发展以及相关产业发展 5 个方面展开对畜禽低抗养殖的社会效益评价。

1. 低抗养殖有助于减少动物体内抗生素残留，提高食品安全水平

近年来，随着畜禽体内抗生素残留问题的逐渐凸显，动物源性疾病的发生率呈现明显上升的趋势，严重威胁着广大消费者的健康。与此同时，由于畜产品的安全品质属于内在特性，消费者往往难以凭借外观来鉴别，而大部分畜产品抗生素残留超标所造成的危害往往较为隐匿，短期内一般难以察觉，但其潜在的风险却相当高。根据《农业农村部办公厅关于 2020 年度动物及动物产品兽药残留监控结果的通报》，全国范围内猪肉和鸡蛋等畜产品中仍然存在抗生素残留超标的情况。具体来说，猪肉中检测出了恩诺沙星和环丙沙星的残留物，残留量达到了 609 μg/kg，超出了限定标准 6 倍之多。

依据调研数据我们发现(表 9-5)：在受访的生猪养殖场中，使用低抗养殖后有 82.92%的养殖场抗生素使用量出现降低，抗生素用量降低比率均值为 20.82%。其次，在受访的肉鸡养殖场中，使用低抗养殖后有 80%的养殖场降低了抗生素用量，抗生素用量降低比率均值为 22.20%。此外，生猪养殖场中，82.93%的养殖场表示动物体内抗生素残留量降低，平均降低比率为 28.65%；肉鸡养殖场中，75%的养殖场表示在实施低抗养殖后，动物体内抗生素残留比例平均降低比率为 33.27%。以 2021 年全国猪肉产量为 5 296 万 t 进行估算，如果全国养殖场普遍采用低抗生素使用方式，全国范围内将能够减少恩诺沙星和环丙沙星的残留物约 9.24 t/年。由此可见，推广畜禽低抗生素使用养殖方式，明显地减少了肉类食品中的抗生素残留，提升了肉类食品的品质，也促进了食品安全水平的提升，有助于保障消费者的饮食健康，同时也带来了显著的社会效益。

表 9-5 抗生素使用与残留情况 单位：%

指标		生猪养殖场	肉鸡养殖场
抗生素使用量降低	抗生素用量降低的养殖场数占比	82.92	80.00
	抗生素用量降低比率	20.82	22.20
动物体内抗生素残留降低	养殖场数量占比	82.93	75.00
	抗生素残留量降低比率	28.65	33.27

2. 低抗养殖有助于减少粪便中抗生素残留，保护生态环境

中国畜禽养殖业规模较大，粪便产生量也较多，牛和家禽养殖的粪便是中国畜禽养殖粪便的主要来源。研究表明，一个万头猪规模的养殖场每年至少会向周围环境排放 3 万 t 粪便，每天排放 100～150 t 废水。这些畜禽养殖所排放的废水中含有的兽用抗生素，成为环境中抗生素污染的主要来源，这些抗生素会在土壤和水体中传播、转移和积聚，也会传播抗性基因，对生态环境构成严重威胁。研究人员在对猪场沼液的抗生素残留进行调查时发现，像北京、上海等大城市的猪场出水中四环素类抗生素的残留量在 3.5～387.1 μg/L，显示出畜禽养殖中抗生素残留引发的污染问题仍然亟待解决。

根据农业农村部发布的《有机肥产品质量安全调查与分析评价》，以畜禽粪便为主要来源的有机肥料中，兽用抗生素残留以喹诺酮类和四环素类为主。其中，最高检出浓度分别为氟沙星 480.7 μg/kg、环丙沙星 118.5 μg/kg、土霉素 137.9 μg/kg、金霉素 121.4 μg/kg。根据表 9-6 中的调查数据来看，在实施低抗养殖后，生猪粪便中的抗生素残留平均降低了 31.59%，而肉鸡粪便中的抗生素残留也平均降低 31%。按 2021 年全国畜禽粪污产量为 30.5 亿 t 进行估算，如果全国范围内的养殖场都普遍采用低抗养殖，按照抗生素残留量降低比率为 31%进行估算，畜禽粪便中的氟沙星残留可降低 454.5 t，环丙沙星残留降低 112.04 t，土霉素残留降低 130.38 t，金霉素残留可降低 114.78 t。由此可见，推广畜禽低抗养殖，能够有效地降低畜禽粪便中的抗生素残留，从而保护周围的生态环境，体现出明显的社会效益功能。

表 9-6 粪便中抗生素残留变化情况 单位：%

指标	生猪养殖场	肉鸡养殖场
养殖场数量占比	78.05	75.00
抗生素残留量降低比率	31.59	31.00

3. 低抗养殖有助于降低畜禽死淘率，保障动物健康养殖

在畜禽养殖过程中，部分抗生素用作药物治疗，部分则作为饲料添加剂用于促

进动物生长。据统计，近年来我国平均每年约有 6 000 t 抗生素被用作饲料添加剂。残留在畜禽动物体内的抗生素会对畜禽健康造成危害，不仅会抑制吞噬细胞的功能，降低免疫力，增加动物大规模患病的风险；长期还可能使肝、肾等实质器官变性肿胀，甚至可能诱发畜禽死亡（程兆康等，2022）。

通过对畜禽低抗养殖技术使用情况的调查发现，44％的生猪养殖场认为实施低抗养殖后，生猪的死淘率有所降低，平均降低比例为 12.30％。25％的肉鸡养殖场认为低抗养殖对降低死淘率有帮助，降低比例为 3％；而 40％的肉鸡养殖场则认为实施低抗养殖后，死淘率没有发生变化。35％的养殖场认为实施低抗养殖后，死淘率反而增加了，这可能是因为死淘率的降低是一个长期且复杂的过程，受到养殖环境、畜禽品种、饲养管理等多方面的影响，仅依靠低抗养殖在短时间内并不能带来很明显的变化。总体来看，低抗养殖有助于降低畜禽养殖过程中的死淘率，从而更好地促进养殖户与养殖企业稳收增收，体现了明显的社会效益功能。

4. 低抗养殖有助于降低畜禽耐药性水平，推动养殖业可持续发展

畜禽养殖业是关乎国计民生的重要产业。2021 年，全国猪牛羊禽肉产量达到 8 887 万 t，为稳产保供和推动农业农村高质量发展作出了重要贡献。不容忽视的是，在畜禽养殖中抗生素的滥用不仅对畜禽和人类健康构成威胁，也对畜禽养殖业产生了深远的影响。近年来，我国养殖业受到“速成鸡”和“药物滥用”的影响，面临着新的发展和挑战。广大消费者普遍关注由“药物残留”等问题所引发的食品安全隐患，如果不加以控制将严重制约我国养殖业的可持续发展。新形势下，如何正确看待养殖业抗生素的使用，如何在养殖过程中科学合理使用抗生素，抗生素在养殖中如何有效发挥其功效，这是广大从业者必须面对的一个问题。

在对养殖场的调研中，发现大约 80％的生猪养殖场和 40％的肉鸡养殖场认为在使用低抗养殖技术后，畜禽的耐药性程度有所降低。这表明减少抗生素的使用有利于缓解畜禽耐药性问题，提升了畜禽的健康水平，从而有利于推动养殖业的可持续发展。然而，对于不同品种的畜禽来说，低抗养殖的耐药性作用可能会有所不同，因此需要根据养殖品种的差异来实施不同的低抗技术。总的来看，普及和推广低抗养殖有助于我国畜禽产业的健康与可持续发展，是推进我国由养殖大国向养殖强国转变的重要战略部署，具有重要的社会价值。

5. 低抗养殖有助于促进技术研发水平提升，带动畜禽养殖相关产业发展

畜禽低抗养殖实施所具备的辐射带动效应相当明显。它不仅可以助推养殖业的长期发展，还将有助于兽药、生物制造、饲料等相关产业的繁荣兴旺。这种互动促进的模式，对整个产业链的健康发展起到积极的推动作用，同时也有助于构筑一个更加稳健、可持续的畜禽养殖生态系统。例如，通过中兽药等抗生素替代产品的研发，推动兽药产业的发展，促使养殖兽药的规范化、健康化发展。低抗养殖中的

酶制剂和微生态制剂的采用，也将助长生物制造业的繁荣兴旺，彰显其作为国家重要发展方向之一的战略性新兴产业属性。通过对畜禽饲料的严格规范，还将推动畜禽添加剂产业的技术进步和产品升级，从而促进饲料添加剂产业的发展。可见，推广畜禽低抗养殖可以带动以低抗养殖为中心的低抗养殖产业链的发展，体现出了明显的社会综合效益。

第十章　推进养殖业抗生素减量化过程中的问题探讨

我国畜禽养殖业规模巨大，正以迅猛的速度向规模化和集约化方向迈进。这一趋势大幅提高了生产效率的同时，也使得抗生素类药物的使用成为维持动物生产性能不可或缺的选择。然而，抗生素的大量使用导致了畜禽产品和养殖环境中的抗生素残留问题，病原菌对抗生素的抵抗能力不断增强，生态环境安全受到威胁，居民身体健康也面临风险，因此养殖业的抗生素问题引起了社会的广泛关注。为了保障养殖业的健康发展，发展低抗养殖并促进抗生素减量化已经成为中国养殖业的重要方向。尽管低抗养殖技术在抗生素减量化方面具有巨大潜力，但当前仍然存在许多挑战。基于抗生素减量化的视角，本章深入分析了我国在推进低抗养殖过程中面临的抗生素减量技术薄弱，低抗养殖环境有待改善；技术服务体系不够健全，技术规范与标准有待建立；低抗养殖认知不到位，减抗知识宣传有待强化；抗生素残留问题依然突出，奖惩制度有待完善4个关键问题，并针对性地提出相关对策建议。

一、抗生素减量技术薄弱，低抗养殖环境有待改善

依托机器视觉、音频分析实时监测技术以及大数据分析预警等先进技术，可以帮助养殖场更精确地监测养殖环境的关键指标。这些技术能够实时监测温度、湿度、空气质量、水质等因素，有助于识别潜在的健康问题并及早干预。通过及时调整养殖环境，可以减少病原进入的机会，提高畜禽的抗病能力，从而降低对抗生素的依赖。然而，现阶段我国低抗养殖技术仍存在以下短板。

1. 低抗养殖技术的适用条件相对较高

低抗养殖技术要求有可靠的养殖环境监测系统，包括机器视觉、传感器、音频分析等高度精密的设备，以便实时监测养殖条件。此外，数据分析和信息管理系统也需要完善，以确保及时的干预和调整。这些设备和系统的高度专业性和复杂性，使其更适用于规模较大的养殖场，而对于小规模或家庭式的养殖户来说，投入和维护这些设备的成本和技术要求可能难以满足。

2. 当前抗生素减量化技术尚不够成熟

许多抗生素减量化技术目前仍处于研发和实验阶段，缺乏足够的实践应用，一些新兴的抗生素减量化技术可能在不同的环境条件下表现不稳定，普遍适用性不高。针对抗生素减量化的技术通常需要复杂的操作和技术培训。对于许多小规模养殖户来说，采用这些技术可能需要额外的学习和适应期，增加了作业的复杂性。因此养殖业者在尝试采用这些技术时可能会面临缺乏可行性、操作性和稳定性的困难。

3. 替代物治疗效果较差

一些抗生素替代物的治疗效果可能不如传统抗生素，导致在部分情况下使用替代物无法有效地治疗疾病，对养殖业的健康管理构成挑战。相关研究指出，在生猪养殖场中，中草药是使用普及率最高的抗生素替代物，使用普及率达到81%；其后依次是益生菌、抗菌肽、酸化剂和酶制剂。此外，成本最小的抗生素替代物是中草药，成本相对较高的是抗菌肽。目前，比较成熟的抗生素替代物成品主要有微生态制剂、植物提取物、抗菌肽、酸化剂4类。替代物可能需要更长的治疗周期或更高的剂量才能达到相同的效果，从而增加了使用成本，在竞争激烈的市场条件下会降低养殖业者对抗生素减量化技术的采用意愿。也有研究表明，兽用抗生素替代物由于其局限性尚不能完全替代抗生素，只有建立科学的监控体系和继续开发完善抗生素替代物才能减少抗生素不规范使用带来的负面效应，保证动物性食品的安全，从而实现畜牧业的绿色和健康发展。

二、技术服务体系不够健全，技术规范与标准有待建立

相较于养殖业发达国家，我国低抗养殖技术研发起步相对较晚。近年来，尽管我国已在中兽药抗生素替代物、中西兽医结合抗生素减量综合防病技术等方面取得了较大突破，但在抗生素减量技术的系统化和规范化方面仍存在一定不足，养殖场抗生素减量技术尚未形成相对统一的标准化操作规范。这些问题给我国养殖业抗生素减量化发展带来了挑战。

一方面，扩大了大养殖场与小养殖场的抗生素减量化发展差距。大型养殖场通常具备更强的技术搜寻和资金投入能力，因此更容易获取先进的抗生素减量技术。相反，小型养殖场和个体养殖户受限于资金和技术两方面的约束，往往无法获得更为有效的减抗技术。这导致了养殖业内部的技术差距，限制了抗生素减量化的广泛应用。

另一方面，在没有明确的技术标准和操作指南的情况下，不同的指导企业可能采用不同的方法，这使得养殖场难以确定哪种方法最适合它们的情况，无法实现抗

生素减量化的一致性和可持续性。从抗生素减量技术的培训来看，受访的多数养殖场表示目前主要是由大型养殖企业、饲料企业和兽药企业等进行减抗技术指导，但由于缺乏统一的技术规范，指导企业减抗技术水平的参差不齐，直接影响着养殖场的抗生素减量效果。

三、低抗养殖认知不到位，减抗知识宣传有待强化

低抗养殖领域仍存在认知不到位和减抗知识宣传不足的问题，影响着养殖行业朝着更可持续和环保的方向发展，具体体现在以下方面。

1. 低抗养殖认知不足

从认知行为理论看，认知不仅影响人们感知事物的方式，而且对行为选择发挥着基础性作用，养殖场对低抗养殖技术规范的认知程度，显然会影响其低抗养殖技术的采纳行为。从调查情况来看，养殖场主要管理者对低抗养殖的认知仍存在一定不足，有进一步提升的空间。例如，调查中发现，仍分别有 50%和 28%的受访养殖户表示不是很清楚抗生素残留对畜禽肉类品质和生态环境的影响，甚至还有33%的养殖户认为少量的抗生素残留不会对人体健康造成影响。在养殖场低抗养殖的使用方面，只有 36%的受访养殖场认为低抗养殖技术的减抗效果比较明显，对低抗养殖的概念、原理和实施方法的不清楚会导致养殖业者对采纳低抗养殖技术持怀疑态度或选择继续使用传统抗生素，因此有必要继续强化抗生素减量化相关宣传，提升养殖主体参与低抗养殖的积极性与主动性。

2. 抗生素滥用观念仍存

尽管在推动低抗养殖技术的过程中取得了一些进展，但仍然存在一些养殖从业者将生产效益置于首要位置，抱有抗生素滥用观念。这种观念认为使用抗生素可以提高动物的生长速度和产量，最大程度减少动物发病风险，可以快速提高生产效益，增加经济利润，同时忽视了滥用抗生素可能带来的抗药性问题、抗生素残留问题以及对环境和公共健康的潜在威胁。这种观念也会受到经验传承，在老一辈的养殖从业者一直采用传统的抗生素使用方式的情况下，年轻一代在缺乏相关知识和教育的情况下会继续这一做法，给低抗养殖的发展带来阻碍。

3. 减抗知识宣传不足

目前，减抗知识的宣传力度仍未充分加强，这导致养殖从业者往往难以获得准确而全面的减抗知识。减抗知识的宣传在覆盖面和频率上仍然不足够强化。养殖从业者可能没有足够的机会接触到相关信息，从而无法及时了解减抗技术的最新进展和实践；缺乏全面的宣传渠道和权威的信息传递平台，导致信息传递效果不佳。养殖从业者无法轻松获取到可靠的减抗知识来源，限制了他们的学习和理解。

从调研数据来看，在低抗养殖的培训方面，仅有58%的受访养殖场表示接受过低抗养殖的相关培训，且培训频率较高。此外，目前的宣传活动通常较为一般化，没有根据不同养殖场的需求和特点进行定制。不同类型的养殖场可能需要不同的减抗知识和技术，因此宣传需要更加精准和个性化。

四、抗生素残留问题依然突出，奖惩制度有待完善

抗生素残留问题在养殖业中依然是一个突出的挑战，相关的奖惩制度也需要进一步完善。在我国的养殖业中，将抗生素添加到饲料中以促进动物生长和预防疾病是最普遍的做法，目前我国每年约一半的抗生素作为饲料添加剂被普遍使用于畜禽养殖业（陈红英等，2019）。由于养殖户文化水平及专业素养参差不齐，不仅预防用药超量等问题仍然存在，长期过量使用抗生素的问题也普遍存在，2009—2019年间兽用抗菌药物用量占兽用化学药品用量的比例在69.6%～74.1%，养殖鱼中喹诺酮类抗生素平均残留量为725.13 μg/kg，远超出国家食品安全限量标准（100 μg/kg）（程兆康等，2022）。部分养殖户甚至选择了人用药物，最为常见的是土霉素，其次是庆大霉素、环丙沙星、青霉素（王丽等，2023）。抗生素滥用导致的抗生素残留问题对食品安全、生态环境和公共健康都构成了严重威胁。

实施抗生素减量化需要养殖场增加低抗养殖技术设备投入，并采用抗生素替代物。这一过程可能在短期内导致生产成本的上升，同时普通消费者无法识别食品中的抗生素残留量，由此导致低抗养殖的畜禽产品并不会获得明显的价格优势或销量优势。从经济效益角度看，低抗养殖并不会为养殖户带来明显的经济增效，反而还可能出现短期内的成本上升。因此，养殖户通常不具有主动开展抗生素减量化行为的内在动力。为了推动养殖场采取低抗养殖方式，有必要建立完善的奖励制度。政府或行业协会提供奖励金、税收减免或其他经济激励措施可以帮助养殖户应对成本上升和风险。养殖业内的成功案例可以作为示范，展示采用低抗养殖技术的可行性和效益。这有助于其他养殖场受到启发，进而更愿意尝试新的方法。政府和行业协会还需要建立更严格的监管措施和技术标准，以确保低抗养殖的可持续性和符合食品安全要求。近年来，我国主管部门对兽药残留的限制和监控已经采取了多项措施，但在畜禽产品生产、加工、销售整个环节，尚没有建立完善的管控体系，难以限制不合格产品上市。

五、推进养殖业抗生素减量化的建议

推进养殖业抗生素减量化需要协同政府、农民、兽医、产业链各个环节的努力，中国政府已采取了一些措施来推进养殖业抗生素减量化，包括加强兽药监管、发布

抗生素使用的指导方针以及提高养殖业从业者对抗生素合理使用的意识，然而仍存在一些问题需要解决，可以通过以下方式继续推动养殖业抗生素减量化发展目标，以确保食品安全、抗生素的有效性和生态环境的健康。

1. 强化依法管控，完善养殖业抗生素减量化的顶层设计

一是严格落实现有相关政策法规，根据《全国兽用抗菌药使用减量化行动方案(2021—2025 年)》等文件，强化兽用抗菌药全链条监管、风险控制以及兽用抗菌药使用减量化技术指导。二是根据“十四五”期间兽用抗生素使用量和抗生素残留合格率总体目标，鼓励各地结合自身实际情况制定本地区减抗行动实施方案，确保抗生素减量行动有效推进。三是在细化实化实施细则的基础上，综合考虑行政处罚的约束力和奖励激励的引导作用。为切实保障低抗养殖在畜禽产业的顺利实施，政府应出台明确的奖惩政策，做到有法必依，多管齐下逐步降低抗生素的使用。可以基于畜禽养殖的实际情况，设立符合实际情况的养殖场抗生素使用配额，对抗生素超标的养殖场进行罚款，更加严重的在罚款的基础上进一步强制削减养殖规模，对抗生素符合标准的养殖场给予财政支持和媒体宣传。管理部门应切实做好市场监督，加强对肉制品中抗生素残留超标的综合整治力度，维护消费者的切实利益。在对未有效开展减抗养殖的规模养殖场进行行政处罚的同时，加大对各养殖主体主动参与抗生素减量生产的奖励和激励力度，鼓励养殖场使用国家批准的替抗产品，给予养殖场和管理部门一个过渡期，着力培养养殖场控制抗生素使用的意识，激发其参与积极性。

2. 加强资金支持力度，完善抗生素减量技术服务体系

一是加大对养殖业抗生素减量化工作的财政资金支持力度，提高资金支持使用效率，不断增加减抗技术科研稳定性支持经费，缩小与发达国家在减抗领域科研投入强度的差距。二是适度加大对抗生素减量化效果较好养殖场的支持力度，将其作为减抗示范主体，推动增强其示范带动作用。三是开展合作交流，借鉴发达国家在养殖业抗生素减量化方面的先进技术和手段，加速技术的引进和应用，不断提升我国养殖业减抗技术水平。

3. 强化人才支撑，促进养殖业的规范发展

一是高度重视养殖业抗生素减量化领域的人才选培工作，建立健全人才激励政策体系，完善人才的培养机制。提高基层工作人员的待遇水平和地位，改善其生活工作环境，鼓励既懂养殖管理，又精通抗生素减量技术的复合人才投身低抗养殖行业。加快补齐低抗养殖领域的科技创新人才短板，打造结构优化、研发能力持续增强的科研创新团队。二是提高管辖养殖场的整体素质水平，定期举办养殖技术相关培训，在养殖过程中遵循“预防为主，防治结合”的基本原则。让养殖人员清晰地意识到过量使用抗生素可能带来的危害，不仅要考虑兽药的使用效果，还要全方

位考虑环境污染及消费者身体健康问题，提高养殖人员对安全用药的认识，提升养殖场按规定用药和遵守休药期的自觉性。三是有的放矢地树立养殖场规范用药、低抗养殖目标，建设养殖场区管理人员内在心理规范，并且要根据养殖规模的不同构建多元的培训体系，对于不同规模的养殖场建立具有针对性、层次性的畜禽质量安全管理体系。

4. 加大抗生素替代产品宣传力度，进一步提高替代产品采纳率

政府通过建立健全抗生素替代产品推广体系，加大替代产品的宣传推广力度，有效提高养殖场采纳并使用兽用抗生素替代产品的积极性，为抗生素减量管理提供强有力的支撑。第一，加强抗生素替代产品推广队伍建设，严格明确推广任务，吸引更多掌握养殖技术、具有专业知识素养的人才加入到技术团队中，提高技术队伍的整体素质。第二，选择使用兽用抗生素替代产品积极并取得良好效果的养殖场，树立养殖示范的典型，通过宣传栏、网络平台等宣传渠道积极宣传替代产品的使用效果，提升养殖场的使用信心。第三，继续加大养殖场补贴力度，针对不同养殖规模制定切实可行的补贴规定，进一步降低用药成本，切实可行地增加养殖场经济效益。

第十一章　感知价值、主体认知与消费者低抗食品支付意愿

21 世纪以来，随着我国居民生活水平的大幅提升，食品安全问题日益引起全社会的广泛关注，其中食品抗生素残留问题尤为突出。为此，我国政府针对养殖业抗生素使用出台了一系列相关政策，各类规制越发严格。《中华人民共和国农业农村部公告 第 246 号》规定，自 2020 年 1 月 1 日起停止生产、进口、经营、使用仅有促进生长用途的药物饲料添加剂，从畜禽养殖源头对抗生素使用进行明确规定。在此背景下，低抗肉制品在我国动物类食品消费市场中所占比重必将逐渐增高。然而，低抗食品作为一种新兴事物，消费者对其消费态度与消费意愿呈何种表现？受何因素影响？显然，上述问题的回答对于了解消费者需求与规范低抗食品市场发展，具有积极的现实意义。本章从理论和实证两方面讨论感知价值与主体认知对消费者低抗食品支付意愿的影响，并对消费者的低抗食品意愿支付水平进行了预测。

一、感知价值与主体认知影响支付意愿的理论分析

感知价值与主体认知是消费者支付意愿的重要影响因素，感知价值与主体认知相互关联，共同影响支付意愿。消费者通常会在感知到高价值产品或服务的基础上，结合其对产品或服务的认知水平来决定是否愿意支付更高的价格，二者在决策过程中起着关键作用。

1. 感知价值

感知价值是指商品购买过程中，相对于所付出的时间、精力和成本，消费者感知到的商品价值，学者们普遍认为产品或服务的“价值”不是取决于企业生产创造，而是由顾客感知来决定。自提出感知价值概念以来(Porter，1985)，学者从不同角度对感知价值进行阐述，认为其是感知收益与感知付出的比例(Moore 和 Benbasat，1991)，是顾客在购买产品或服务时对感知收益与感知付出权衡后形成的主观评价(Zeithaml，1988)。它是在购买决策过程中，消费者根据他们对产品或服务的感知来评估是否值得购买的关键因素之一。

根据感知价值理论，感知价值是驱动顾客购买行为的主要因素。由于低抗食品具有独特的健康功效与生态外部性特征，故消费者对低抗食品的感知价值是在

考察产品健康功效与生态保护作用的基础上，对低抗食品价值的重新评估。据此，可将感知价值分为生态价值感知与健康价值感知，消费者可从以上两方面获得更多的价值评判（张国政等，2017）。

2. 主体认知

主体认知是指消费者对商品进行信息加工的过程。消费者行为学理论认为，消费者购物时消费的主要影响因素之一是认知。认知取决于人们对信息的了解程度。消费者拥有的低抗食品主观知识是其形成低抗消费认知的前提和基础（Robert 等，1999）。信息和认知的掌握情况会影响个人的风险认知判断，从而影响消费者对产品重要性的赋值（蒋瑛等，2022）。消费者对低抗食品的认知体现在消费者购买商品的过程中，对其基础信息与其低抗特质的了解。这一认知过程可分为信息认知与特征认知，信息认知包括消费者对低抗食品生产、销售、价格、价值的认知，特征认知则集中于消费者对低抗食品中低抗特性的认知，两者综合反映了消费者对低抗食品的认知体验。

3. 感知价值、主体认知与消费者低抗食品支付意愿

从现有文献来看，感知价值与主体认知是学者们在个体行为研究方面关注的重点。部分学者认为，感知价值是消费者对产品权衡利弊与得失基础上形成的评价与偏好，是决定顾客是否购买商品与衡量自身意愿支付水平的重要因素（白长虹和廖伟，2001）。而主体认知是消费者从主观角度对商品的认知，在扩大消费者商品需求方面扮演着重要角色（Dosman 等，2001）。但对于低抗食品这样的新兴事物，感知价值与主体认知是否会发挥同样作用，根据现有文献，目前在此方面仍处于探索阶段。

理论上看，如果消费者对低抗食品的价值有着明确感知并持续保持信任，则会大大提升其对低抗食品的支付意愿。学者们认为，消费者对产品价值的感知有利于形成积极的购买态度，购买前对产品价值的评估是消费者购买行为能否真正发生的重要前提，感知价值是影响消费者支付意愿的重要因素（史有春和刘春林，2005；董海峰和王浩，2013；张国政等，2017）；消费者对基础信息的了解以及对特征信息的认知程度越高，在购买过程中对商品的甄别程度就越清晰。对低抗食品有需求的消费者会明确自身的购买意愿，并提升自己的意愿支付水平。部分研究发现，消费者获取信息量的多少对其支付意愿具有显著的正向影响，产品特征也会影响消费者的支付意愿（刘增金和乔娟，2011；杜鹏，2012；陈新建等，2014）。例如，在保健食品购买过程中，人们因重视产品的保健功效而会提升对产品价格的包容度与支付意愿（杨柳和杨庆懿，2018）。据此，本章拟探索感知价值和主体认知对消费者低抗食品的支付意愿是否具有显著的正向影响。

二、感知价值与主体认知影响消费者低抗食品支付意愿的实证分析

本节拟利用微观样本数据，探讨感知价值与主体认知对消费者低抗食品支付意愿的影响。在有关支付意愿的研究中，部分文献未考虑非随机选择样本中可能存在不可观测因素，以及由此引发的样本选择偏差，从而导致研究结论可信度不高。为此，学者们提出应使用 Heckman 两阶段模型，对实证分析中可能存在的样本选择偏差问题予以克服（何可等，2021）。为此，有必要从感知价值与主体认知角度对消费者低抗食品支付意愿问题展开具体分析，并使用 Heckman 两阶段模型对可能存在的样本选择偏差问题进行有效控制。

（一）数据来源、模型设定与变量选取

1. 数据来源

本节数据来源于 2022 年 2—3 月开展的低抗肉制品消费者调查问卷。考虑到不同地区经济发展水平和消费状况的差异以及样本的可获得性问题，课题组对调研区域进行了控制。本次调研涉及内蒙古 12 个盟市，以及部分其他省市，样本分布范围较广，具有一定的代表性。调研共收回有效问卷 650 份。

2. 模型设定

消费者对低抗食品支付意愿的分析包括两个阶段：第一个阶段是对消费者低抗食品购买意愿的分析；第二个阶段是愿意购买低抗食品的消费者，对其意愿支付水平的分析。此类研究通常会遇到统计学上的“偶然断尾”（incidental truncation）现象。为了克服由此造成的模型自选择问题，本节采用 Heckman 两阶段方法控制样本观测值出现的概率值。具体而言，在第一阶段估计中，将消费者对低抗食品的购买意愿视为一个二元随机变量 buy_i，其中，$buy_i=1$ 表示消费者 i 愿意购买低抗食品，而$buy_i=0$ 表示消费者不愿意购买。本文构建消费者购买意愿模型如下：

$$probit(buy_i=1)=P_i\beta_1+C_i\beta_2+Z_i\beta_3+\varepsilon_i \tag{11-1}$$

式(11-1)中，P_i 为感知价值，C_i 为主体认知，Z_i 为排他性约束变量，ε_i 为随机误差项，β_1、β_2、β_3 为待估参数。在第一阶段的估计中可以获得逆米尔斯比率 λ_i。

在第二阶段估计中，将针对愿意购买低抗食品的消费者展开进一步研究，量化这部分群体对低抗食品的意愿支付水平。当 $probit(buy_i=1)>0$ 时，消费者期望价格 $pork_i$ 才会被观测到。故构建消费者意愿支付水平模型如下：

$$pork_i=P_i\gamma_1+C_i\gamma_2+\gamma_3\lambda_i+\xi_i \tag{11-2}$$

式(11-2)中，γ_1、γ_2、γ_3 为待估参数，ξ_i 为随机误差项，其他符号的含义与式

(11-1)相同。在此阶段的意愿支付水平影响因素估计中，逆米尔斯比率 λ_i 作为自变量被添加到模型中，并运用修正后的 OLS 模型进行估计，由此在一定程度上消除样本选择偏差问题对结论的影响，从而提高拟合估计的精度。

期望值预测：当 $buy_i=1$ 时，假设 W 为二阶段显著变量，β_0 为相应的显著变量系数，σ 为 λ_i 的待估参数，q 为常数项，由此可知消费者对低抗食品的意愿支付水平期望值(WTP)为：

$$E(\mathrm{WTP})=q+W\beta_0+\lambda_i\sigma \tag{11-3}$$

3. 变量选取

(1)因变量　因变量有 2 个，分别为消费者对低抗食品的购买意愿和意愿支付水平。本研究拟以低抗猪肉为例，对消费者的低抗食品购买意愿与意愿支付水平情况进行了调研。样本数据中，对低抗猪肉有购买意愿的消费者有 386 人，占到样本总数的 59.38%。对于低抗猪肉的意愿支付水平，78.92%的消费者意愿支付价格集中在 12～16 元/斤(1 斤＝0.5 kg)。

(2)核心自变量　核心自变量包括感知价值与主体认知。感知价值分别以生态价值感知与健康价值感知予以度量，主体认知分别以信息认知与特征认知予以度量。样本数据中，对低抗食品生态价值有明显感知的消费者有 363 人，占比 55.85%。对低抗食品健康价值有明显感知的消费者有 327 人，占总样本的 50.31%。对低抗食品基本信息有明确认知的消费者有 227 人，占样本总数的 34.92%。对低抗食品低抗特征有明确认知的消费者有 77 人，占比 11.84%。

(3)控制变量　控制变量包括受访者个人特征、家庭特征与职业特征等。其中，个人特征包括受访者的性别、年龄、受教育水平；家庭特征包括婚姻状况、家庭状况(是否有 12 周岁以下子女共同居住)；职业特征以受访者工作类型予以划分。相关变量描述如表 11-1 所示。

表 11-1　变量含义及描述性统计

变量名称	变量含义和赋值	均值	标准差
因变量			
购买意愿	如果附近有低抗肉类食品出售，您是否愿意购买：1＝买，0＝不买	0.59	0.49
意愿支付水平	猪肉。若 1 斤普通猪肉价格为 10 元，1 斤低抗猪肉您能接受的最高价格是：1＝12 元，2＝14 元，3＝16 元，4＝18 元，5＝20 元，6＝25 元，7＝30 元，8＝40 元，9＝50 元，10＝60 元及以上	1.35	1.66
	鸡肉。若 1 斤普通鸡肉价格为 8 元，1 斤低抗鸡肉您能接受的最高价格是：1＝10 元，2＝12 元，3＝14 元，4＝16 元，5＝18 元，6＝20 元，7＝30 元，8＝40 元及以上	2.08	1.01

续表11-1

变量名称	变量含义和赋值	均值	标准差
核心自变量			
生态价值感知	您是否同意"低抗养殖有利于环境保护"的观点:1=非常不同意,2=比较不同意,3=一般,4=比较同意,5=非常同意	3.56	1.03
健康价值感知	您认为低抗肉类食品一定比普通肉食品更安全吗:1=非常不同意,2=比较不同意,3=一般,4=比较同意,5=非常同意	3.16	0.78
信息认知	您是否了解"低抗生素养殖"的畜禽肉类食品:1=是,0=否	0.35	0.48
特征认知	您是否了解低抗食品的低抗特性:1=不了解,2=了解较少,3=有一定了解,4=比较了解,5=非常了解	1.65	0.85
控制变量			
性别	1=男,0=女	0.31	0.46
年龄	1=18岁以下,2=18～25,3=26～30,4=31～40,5=41～50,6=51～60,7=60以上	2.39	1.01
受教育水平	1=初中以下,2=高中/中专/职高,3=大专,4=本科,5=研究生	3.86	0.76
婚姻状况	1=未婚,0=已婚	0.86	0.35
家庭状况	家庭内是否有12周岁以下的小孩共同居住:1=有,0=没有	0.31	0.39
职业特征	1=国企职工 2=私企职工 3=公务员 4=事业单位职工 5=私营业主 6=个体户 7=学生 8=家庭主妇 9=农民 10=其他	6.52	1.84

(二)基准模型回归结果

首先对自变量进行皮尔逊(Pearson)相关系数检验,结果显示变量之间不存在高度相关。然后再对自变量进行方差膨胀因子检验(VIF),结果表明最大的VIF值为2.72,平均的VIF值为1.58,故不存在多重共线性问题。

(1)从表11-2第一阶段回归结果来看,在选择方程中,感知价值中的生态价值感知、健康价值感知与主体认知中的信息认知对消费者低抗食品购买意愿具有显著影响。从结果来看,逆米尔斯比率正向显著,说明样本数据存在选择偏差问题(表11-3)。因此,使用Heckman两阶段方法纠正样本选择偏差是十分必要的。

从感知价值来看。首先，生态价值感知系数在1%的统计水平上正向显著，表明生态价值感知对消费者的购买意愿具有显著的正向影响。换言之，在其他条件不变的情况下，消费者对低抗食品的生态价值感知越明确，其购买意愿越高。可能的解释是，随着社会的进步，消费群体的社会责任感越发强烈，在希望商品拥有环境保护作用方面产生共鸣。据此，在选购商品时，对低抗食品生态价值有着明确感知的消费者会更愿意对其进行购买。其次，健康价值感知系数在1%的统计水平上正向显著，表明健康价值感知对消费者的购买意愿具有显著的正向影响。在其他条件不变的情况下，消费者对低抗食品的健康价值感知越明确，其购买意愿越高。可能的原因是，虽然低抗食品在市场上并未普及，但低抗生素残留的食品在消费者心中已有了明确的界定。低抗食品有助于食品安全的提升已成为消费者心中的共识。因此，对低抗食品健康价值有明确感知的消费者会更愿意对其进行购买。

从主体认知来看。信息认知系数在1%的统计水平上正向显著，表明了解低抗食品各项信息对于购买意愿具有显著的正向影响。其意味着，在其他条件不变的情况下，了解低抗食品的消费者其购买意愿会更高。可能的解释是，在了解低抗食品的基本信息后，确认其拥有的作用与价值符合消费者的需求，因此更愿意对其进行购买。

(2)从表11-2第二阶段回归结果来看，在选择方程中，感知价值中的生态价值感知与主体认知中的信息认知、特征认知对消费者低抗食品意愿支付水平具有显著影响。

从感知价值来看，生态价值感知系数在1%的统计水平上正向显著，表明生态价值对消费者的意愿支付水平具有显著的正向影响。在其他条件不变的情况下，消费者越赞同低抗食品的生态价值，其意愿支付水平越高。原因可能是，随着社会的进步，消费者在购入农产品时不仅关注价格，其生态价值、社会价值也更多地被消费者予以考虑。因此，对低抗食品的生态价值这一外部性因素表示较高的认同，就产生了更高的意愿支付水平。

从主体认知来看。首先，信息认知系数在1%的统计水平上正向显著，表明了解低抗食品的消费者其意愿支付水平会更高。在生活中接触过相关信息的消费者，对低抗食品的抵触心理与疑惑心理会更小，意愿支付水平也会跟随认知的提升逐渐提高。其次，特征认知系数在1%的统计水平上正向显著，表明消费者对低抗食品低抗特性的了解越多，对低抗食品的意愿支付水平就越高。其原因可能是，在了解较多的低抗特性后，清楚认识到低抗食品的优点与好处，在选择时更愿意购买，且意愿支付水平也会更高。

表 11-2 感知价值与主体认知对消费者支付意愿的影响分析(低抗猪肉)

变量名称	第一阶段(购买意愿)		第二阶段(意愿支付水平)	
	系数	标准误	系数	标准误
核心自变量				
生态价值感知	0.290***	0.065	1.963***	0.683
健康价值感知	0.231***	0.078	−0.555	0.419
信息认知	0.330***	0.129	1.682*	0.901
特征认知	−0.796	0.073	1.126***	0.455
控制变量				
性别	0.063	0.119	0.512	0.751
年龄	0.032	0.087	−0.948*	0.528
受教育水平	0.082	0.080	−1.046**	0.489
婚姻状况	−0.226	0.135	−2.234	1.525
职业特征	−0.048	0.032	−0.232	0.196
家庭状况	−0.226*	0.135	—	—
常数项	−1.584***	0.605	13.238***	5.437

注：***、**、*分别表示在1%、5%、10%的统计水平上显著。

表 11-3 逆米尔斯比率 λ_i

	系数	标准误	z	显著性
λ_i	6.422	2.438	2.63	0.008

(三)稳健性检验

为验证基础模型回归结果的可靠性，本节进行稳健性检验。参考李万福等(2011)的做法，本节对基础模型中的被解释变量进行替换。将前文主回归模型的被解释变量：假设普通猪肉价格为10元/斤，消费者能接受低抗猪肉的最高价格为多少元/斤；替换为：假设普通猪肉价格为10元/斤，消费者能接受的低抗猪肉价格比普通猪肉高多少，以及消费者能接受低抗猪肉价格的增量与普通猪肉价格的比值。回归结果如表11-4所示。从回归结果看，核心变量的显著性水平与符号均未发生变化，表明了回归结果的稳健。

表 11-4 稳健性检验结果

变量名称	价格(基础模型)		价格增量(稳健性检验 1)		价格比值(稳健性检验 2)	
	第一阶段	第二阶段	第一阶段	第二阶段	第一阶段	第二阶段
信息认知	0.336***	1.682*	0.348***	2.221*	0.310**	0.369*
	(0.129)	(0.900)	(0.129)	(1.088)	(0.144)	(0.274)
特征认知	−0.796	1.126***	−0.902	0.953*	−0.054	0.364***
	(0.729)	(0.455)	(0.726)	(0.571)	(0.790)	(0.130)
生态价值	0.290***	1.963***	0.282***	1.554***	0.255***	0.264*
	(0.654)	(0.683)	(0.648)	(2.110)	(0.712)	(0.190)
健康价值	0.231***	−0.555	0.160***	−0.594	0.164*	−0.215*
	(0.626)	(0.419)	(0.625)	(0.593)	(0.067)	(0.147)
控制变量	已控制	已控制	已控制	已控制	已控制	已控制
常数项	−1.584***	13.238***	−1.727***	7.980	−1.580**	2.084*
	(0.605)	(5.437)	(0.594)	(7.869)	(0.670)	(1.483)

注：***、**、*分别表示在1%、5%、10%的统计水平上显著；括号内为标准误。

(四)消费者对高价与廉价低抗食品支付意愿的对比分析

对于不同价格水平区间的低抗食品，消费者的支付意愿是否有差异？为此，本节做了进一步的拓展验证。由于猪肉与鸡肉是目前我国居民主要消费的两类肉制品，其价格存在较为明显的差异，且猪肉价格往往高于鸡肉价格。鉴于此，本节将低抗猪肉定位为高价低抗食品，将低抗鸡肉定位为廉价低抗食品，并据此对两类低抗食品支付意愿情况展开对比分析。

在前文对消费者低抗猪肉支付意愿分析的基础上，本节进一步使用 Heckman 两阶段模型对消费者低抗鸡肉支付意愿影响因素进行了拟合回归。回归结果如表 11-5 所示。

表 11-5 感知价值与主体认知对消费者支付意愿的影响分析(低抗鸡肉)

变量名称	第一阶段(购买意愿)		第二阶段(意愿支付水平)	
	系数	标准误	系数	标准误
核心自变量				
生态价值感知	0.291***	0.065	2.001	0.219
健康价值感知	0.159***	0.063	−3.507	1.317
信息认知	0.336***	0.129	−2.166	0.271
特征认知	−0.796	0.729	0.483***	0.141

续表11-5

变量名称	第一阶段(购买意愿)		第二阶段(意愿支付水平)	
	系数	标准误	系数	标准误
控制变量				
性别	0.628	0.119	−2.943	2.339
年龄	0.032	0.087	1.522	0.621
受教育水平	0.082	0.080	1.313	0.496
婚姻状况	−0.233	0.258	−1.512	0.632
职业	−0.048	−0.032	−3.723	5.993
家庭状况	−0.226	0.135	—	—
常数项	−1.584***	0.605	−7.437	1.853

注：***表示在1%的统计水平上显著。

根据表11-5，在消费者低抗鸡肉支付意愿分析中，从第一阶段回归结果看，生态价值感知、健康价值感知与信息认知的系数正向显著。从第二阶段回归结果看，特征认知对消费者的意愿支付水平具有显著的正向影响，表明特征认知的提升有助于消费者意愿支付水平的提高。

为对比消费者在低抗猪肉与低抗鸡肉支付意愿方面的差异，本节对二者Heckman两阶段回归模型结果进行了对比分析，具体如表11-6所示。从第一阶段回归结果中的感知价值角度来看，低抗猪肉与低抗鸡肉的生态价值感知与健康价值感知系数均正向显著。从第一阶段的主体认知角度来看，低抗猪肉与低抗鸡肉的信息认知变量系数不显著，但其特征认知系数均正向显著。从第二阶段回归结果中的感知价值角度来看，生态价值感知系数在低抗猪肉样本中正向显著，而在低抗鸡肉样本中并不显著。从第二阶段的主体认知角度来看，信息认知变量系数在低抗猪肉样本中正向显著，而低抗鸡肉样本中并不显著；特征认知变量在两类样本中均正向显著。

表11-6　高价-廉价低抗食品消费者支付意愿对比分析

Heckman模型	变量名称		高价低抗食品(低抗猪肉)	廉价低抗食品(低抗鸡肉)
第一阶段回归结果	感知价值	生态价值感知	正向显著	正向显著
		健康价值感知	正向显著	正向显著
	主体认知	信息认知	不显著	不显著
		特征认知	正向显著	正向显著
第二阶段回归结果	感知价值	生态价值感知	正向显著	不显著
		健康价值感知	不显著	不显著
	主体认知	信息认知	正向显著	不显著
		特征认知	正向显著	正向显著

总体来看，对于高价与廉价低抗食品而言，消费者的感知价值与主体认知对两类低抗食品购买意愿的影响并无显著差异，但对两类低抗食品意愿支付水平的影响存在较大区别。

三、消费者对低抗食品意愿支付水平预测

消费者对低抗食品支付意愿的影响因素研究，为测算消费者对低抗食品的意愿支付水平提供了良好的基础。

1. 消费者对低抗食品的意愿支付价格测度

本节利用 Heckman 两阶段估计中的期望计算方法，通过式(11-3)对消费者支付意愿的期望值进行测算。测算结果显示，在普通猪肉 10 元/斤的基础上，消费者愿意为低抗猪肉支付的期望价格为 15.14 元/斤。在普通鸡肉 8 元/斤的基础上，消费者愿意为低抗鸡肉支付的期望价格为 12.08 元/斤。

2. 低抗食品市场价值测度

通过低抗猪肉期望价格的测算，可知消费者对低抗猪肉的期望价格为 15.14 元/斤。以此为基础，可以对未来低抗猪肉市场价值进行测算。假设低抗猪肉已替代普通猪肉在市场上进行流通，可估算低抗猪肉的人均消费能力为：

低抗猪肉期望价格×全国人均猪肉年消费量(数据参考《中国统计年鉴2021》)＝551.096(元/年)

据此，可推算出预想条件下全国低抗猪肉市场价值为：

人均低抗猪肉消费能力×中国人口数(数据参考第七次全国人口普查)≈7 715.344(亿元/年)

通过低抗鸡肉期望价格的测算，可知消费者对低抗鸡肉的期望价格为 12.08 元/斤。以此为基础，可以对未来低抗鸡肉市场价值进行测算。假设低抗鸡肉已替代普通鸡肉在市场上进行流通，可估算低抗鸡肉的人均消费能力为：

低抗鸡肉期望价格×全国人均鸡肉年消费量(数据参考《中国统计年鉴2021》)＝306.832(元/年)

据此，可推算出预想条件下全国低抗鸡肉市场价值为：

人均低抗鸡肉消费能力×中国人口数(数据参考第七次全国人口普查)≈4 295.648(亿元/年)

四、本章小结

本章首先在理论层面上分析了消费者对低抗食品的感知价值与主体认知如何

影响其支付意愿，接下来基于消费者低抗食品支付意愿微观调研数据，利用Heckman两阶段模型，在克服样本选择偏差的基础上，从感知价值与主体认知两方面对消费者低抗食品的支付意愿进行了分析。同时，进一步探讨了消费者对不同价格低抗食品意愿支付水平方面的差异。

研究发现：在购买意愿方面，感知价值、主体认知是影响消费者低抗食品购买意愿的重要原因。感知价值中的生态价值感知与健康价值感知对消费者购买意愿有着显著的正向影响，主体认知中的信息认知对消费者购买意愿有着显著的正向影响。在意愿支付水平方面，感知价值与主体认知同样是影响消费者意愿支付水平的重要因素。其中，感知价值中的生态价值感知对消费者意愿支付水平有着显著的正向影响，主体认知中的信息认知与特征认知对消费者意愿支付水平也有着显著的正向影响。对于高价与廉价低抗食品，感知价值与主体认知对消费者在两类低抗食品购买意愿上的影响并无显著差异，但对两类低抗食品意愿支付水平的影响存在较大不同。面对高价低抗食品，消费者的意愿支付水平考虑了生态价值感知、信息认知与特征认知因素的影响；而面对廉价低抗食品，消费者仅考虑了特征认知因素对意愿支付价格的影响。

最后，本章基于Heckman两阶段模型回归结果，对消费者的低抗猪肉与低抗鸡肉意愿支付价格进行了预测。结果显示：低抗猪肉意愿支付价格为15.14元/斤，低抗鸡肉意愿支付价格为12.08元/斤；当我国市场上的普通肉类全部转换为低抗肉类，全国低抗猪肉市场价值约为7 715.344亿元，全国低抗鸡肉市场价值约为4 295.648亿元。

综上所述，消费者的感知价值应作为推进低抗食品产业发展的重要参考因素，政府与企业可以对感知价值水平较低的消费群体进行适当且积极的引导与宣传，进而提升消费者的购买意愿与意愿支付水平。加强消费者对低抗食品的主体认知程度也是推进低抗食品产业发展的重要手段。政府可以通过媒体与公示平台为消费者定期提供低抗相关信息，及时通报和宣传低抗体系的发展状况，提高消费者对低抗食品的认知水平和关注程度。此外，政府与企业需考虑到高价低抗食品与廉价低抗食品的差异，从两种低抗食品的受众群体与适用商品入手，加大政策宣传的投入与支持力度。重点加强对廉价低抗食品在低抗特性方面的宣传力度，为低抗食品在市场上的普及打下良好的消费基础，进而全面促进高价与廉价低抗食品的持续推行。

第十二章 感知价值、主观知识对消费者低抗肉食品购买意愿与行为偏差的影响

2020年,国务院办公厅印发了《关于促进畜牧业高质量发展的意见》,并对低抗养殖工作进行了重要部署。根据国务院颁布的《兽药管理条例》有关规定,自2020年1月1日起,禁止流通除中药外的所有促生长类药物饲料添加剂品种,由此可见,我国政府在兽用抗生素管理方面越发严格。减少养殖中抗生素的使用对保障肉制品安全,促进畜牧业高质量发展具有重要意义,低抗肉制品在提升肉类食品质量安全、改善人体健康等方面也具有重要意义,但消费者对低抗肉制品的需求增长仍是一个循序渐进的过程。由于低抗、无抗肉制品的价格偏高,消费者对其接受和认知程度都有待提高,由此导致市场中消费者对于低抗肉制品的购买意愿与行为可能存在不一致的现象。因此,研究消费者购买意愿与行为偏差的成因对于推进低抗肉制品的市场发展具有重要的现实意义。探讨消费者对低抗肉制品的购买意愿能否真正转换为购买行为,有利于从消费者角度思考推广低抗肉制品发展可能存在的问题。

本章以低抗鸡肉类食品消费为例,探讨消费者低抗肉制品购买意愿与行为偏差的成因。同时试图从感知价值和主观知识的角度对以下问题进行检验:(1)消费者感知价值对认知失调的影响;(2)消费者主观知识对认知失调的影响。此外,在对消费者低抗鸡肉购买意愿和行为偏差回归分析的基础上,利用低抗猪肉消费情况进行稳健性检验。

一、理论分析

根据消费者行为理论,消费者在选择购买某一商品时,总是会受到各种因素的影响,从而形成对商品的客观认知及明确的购买态度,并在此基础上产生购买行为(陈超等,2013)。所以,一般认为消费者对商品有清晰认知时形成的购买态度不易改变且与购买行为相一致。然而,现实生活中的购买环境比较复杂,且低抗肉制品属于新兴事物,消费者对其认知不充分,故由此形成的购买态度易发生改变,从而导致购买行为的不一致(陈志颖,2006),易产生认知失调理论。Festinger(1957)最早提出认知失调理论,认为个体由于两个矛盾的认知因素产生的不协调的状态

即为认知失调。在消费行为领域，经常表现为消费者购买意愿与行为的不一致。

有关消费者购买意愿和购买行为的分析一直都是学者们关注的热点。从现有文献来看，学者们多是对消费者购买意愿或购买行为进行单一分析。但近年来，研究者们开始逐渐注意到消费者的陈述性偏好与实际购买行为之间存在认知失调的情况，并展开相关研究。一方面，部分学者认为个体消费意愿与消费行为存在一致性，通过计划行为理论，并且从理论和实际两方面，验证了消费者的意愿对行为具有显著的正向作用（唐学玉等，2010；杨玉苹等，2019；Ajzen，2001）。另一方面，部分研究结论得出了相反的意见，认为消费者的陈述性偏好与购买行为之间存在一定的差异（韩青，2011；张砚和李小勇，2017；卢素兰和刘伟平，2017），并将消费者购买意愿与行为之间的偏差表述为认知失调（陈超等，2013）。在此基础上，学者们对个体消费者意愿与行为不一致的原因进行了具体分析。一般来看，消费者个人特征、家庭特征、消费心理、产品属性等都对消费者意愿与行为偏差有显著影响（靳明和赵昶，2008；Kim 等，2012；Olson，2013）。学者们也逐渐开始关注感知价值和了解程度对消费者购买意愿与行为不一致的因素（杨晨钰婧等，2022）。此外，既有文献大多以绿色无公害食品、安全认证产品为研究对象，分析个体消费意愿与行为偏差的成因，对低抗食品的研究仍显不足。而近年来，伴随着国家大力推行兽用减抗政策和消费者对低抗的认知不断提高，低抗肉制品的优势逐渐凸显。因此，有必要从感知价值和主观知识角度探讨消费者购买意愿与行为偏差的成因。

学者们在对消费者意愿与行为偏差的研究中，通常根据消费者是否愿意购买及现实中的实际购买情况来判断是否存在偏差（钟甫宁和易小兰，2010；吴春雅等，2019）。但是上述方法在样本追踪方面存在难度，且不易实施。因此，本章借鉴陈默等（2015）、王建华和钭露露（2021）的研究经验，认为愿意购买低抗鸡肉但对其支付溢价低于 30%的消费者即为存在认知失调的现象。由此，将调研的样本分为 4 组，第 1 组是愿意购买但支付溢价低于 30%，即意愿与行为不一致；第 2 组是愿意购买且支付溢价高于 30%，即意愿与行为呈现正一致；第 3 组是不愿意购买且支付溢价低于 30%，即意愿与行为属于负一致；第 4 组是不愿意购买但支付溢价高于 30%，即意愿与行为不一致。

感知价值是感知收益与感知付出的比值。消费者感知价值是研究消费者对低抗肉食品购买意愿与行为的基础，是影响消费者购买行为的重要因素。根据 Zeithaml（1988）提出的权衡说，感知价值是消费者对于某一产品总体效益的权衡，即消费者对其选择低抗肉食品能获得的效益的整体衡量，包括安全感知、健康感知和环境感知。消费者对产品质量安全水平的感知能力越强，越易产生购买偏好，其购买意愿与购买行为一致的可能性就越大（韩青，2011；王建华等，2018）。此外，低抗肉制品通过降低养殖中抗生素的使用，比普通产品增加了健康特性和环保特性。一般认为，有着更强的健康感知和环境感知能力的消费者，会更加倾向于购买低抗肉制品，且产生认知失调的可能性越小（于晓华等，2022；陈默等，2015）。

消费者知识包括消费者主观知识和客观知识，其中主观知识主要指消费者自身对于某一项产品的了解程度（刘贝贝等，2018）。对低抗肉制品知识水平的增加有利于消费者更加清晰、客观地认识低抗肉制品，故购买意愿与行为一致的可能性就越大。消费者对有机食品了解程度的加深有助于其购买意愿向购买行为的转化，购买意愿与实际购买行为产生偏差的可能性越小（陈默等，2015）。其他学者在研究中也提到，消费者的认知越清晰，越有利于对产品购买作出明确的判断，意愿与行为就更能保持一致（吴春雅等，2019；曾寅初等，2007）。

本章要检验的主要假说为感知价值和主观知识对消费者购买低抗肉制品的意愿和行为有重要影响，它们可以导致消费者的购买意愿和行为出现偏差。具体而言：如果消费者感知到低抗肉制品具有较高的质量、安全性和健康益处，他们更有可能表现出购买意愿和行为，这种感知价值可以促使他们愿意为这些产品支付溢价；相反，如果消费者认为低抗肉制品的质量较差、不安全或没有明显的健康益处，他们可能会表现出不愿购买的行为，这种感知价值可以导致他们回避这些产品。如果消费者对抗生素使用和食品安全问题有较高的了解，可能更容易理解低抗肉制品的优点，并且更有可能购买这些产品。他们可能会主动寻找信息，做出明智的购买决策；如果消费者对抗生素使用和食品安全问题知之甚少，他们可能会感到不确定，不够了解低抗肉制品的好处，因此可能更倾向于继续购买传统肉类产品。

二、实证分析

（一）数据来源

本章研究数据来源于 2022 年 2—3 月开展的低抗肉制品消费调查问卷。考虑到不同地区经济发展水平和消费状况的差异以及样本的可获得性问题，课题组对调研区域进行了控制。本次调研涉及内蒙古 12 个盟市，以及部分其他省市，样本分布范围较广，具有一定的代表性。调研共回收有效问卷 650 份。

（二）模型构建

本文使用多元 Logistic 回归模型分析影响消费者意愿与行为存在偏差的因素。模型一以第 2 组，即意愿与行为正一致为参照组；模型二以第 3 组，即意愿与行为负一致为参照组。相关模型构建如下：

$$z_i = \alpha + \beta_i X_i + \mu \tag{12-1}$$

式(12-1)中，β_i 是估计系数矩阵，X_i 表示解释变量矩阵，μ 为误差项。

消费者对低抗肉食品购买意愿与购买行为是否一致的概率为：

$$P_i = F(z_i) = F(\alpha + \beta_i X_i + \mu) = \frac{1}{1+e^{-z_i}} = \frac{1}{1+e^{-(\alpha+\beta X_i)}} \tag{12-2}$$

式(12-2)中，$z_i = \alpha + \beta_i X_i + \mu$，$e$ 表示自然对数的底。其估计式为：

$$\ln\left(\frac{P_i}{1-P_i}\right) = z_i = \alpha + \sum_{i=1}^{n} \beta_i x_i + \mu \tag{12-3}$$

模型一中的事件比分别是第 1 类事件、第 3 类事件、第 4 类事件与第 2 类事件的概率发生比；模型二中的事件比分别是第 1 类事件、第 2 类事件、第 4 类事件与第 3 类事件的概率发生比。

(三)变量赋值与说明

1. 因变量

此处的因变量是消费者对低抗鸡肉购买意愿与行为的偏差。如上文所述，消费者愿意购买低抗鸡肉但对其支付溢价低于 30%即说明其存在偏差，故本章通过受访者对"如果附近有低抗肉制品出售，您是否愿意购买"和"若 1 斤普通鸡肉为 8 元，1 斤低抗鸡肉您能接受的最高价格是?"2 个问题的回答来衡量该指标。回答情况共分为 4 类，即愿意但支付溢价低于 30%，愿意且支付溢价高于 30%，不愿意且支付溢价低于 30%，不愿意但支付溢价高于 30%，分别用 1～4 赋值。

从分类样本数量看，166 个受访样本表示愿意购买低抗鸡肉但支付溢价低于 30%，即存在认知失调，220 个样本表示愿意购买低抗鸡肉且支付溢价高于 30%，即个体消费意愿与行为表现正一致，123 个样本表示不愿意购买低抗鸡肉且支付溢价低于 30%，即个体消费意愿与行为表现为负一致，141 个样本表示不愿意购买低抗鸡肉但支付溢价高于 30%，即购买意愿与行为不一致。具体如表 12-1 所示。

表 12-1　意愿与行为偏差情况分类

事件分类	事件描述	样本数/个
第 1 组	愿意购买但支付溢价低于 30%	166
第 2 组	愿意购买且支付溢价高于 30%	220
第 3 组	不愿意购买且支付溢价低于 30%	123
第 4 组	不愿意购买但支付溢价高于 30%	141

2. 自变量

结合消费者行为理论及诸多对消费者意愿与行为偏差的研究(陈默等，2015；

韩青，2011；王建华等，2021），本章对核心自变量的定义如下：一是感知价值，具体从安全感知、健康感知和环境感知展开，利用“低抗肉制品是否比普通肉制品更安全”“是否同意降低抗生素残留有益于人体健康”“是否同意低抗养殖有益于环境保护”3个问题衡量；二是消费者主观知识，从消费者的低抗关注经历、对低抗肉制品的了解程度两方面评价，并具体通过“您是否听说过低抗生素养殖的畜禽肉制品”和“您是否了解低抗肉制品”衡量。

借鉴已有研究成果（王建华和钭露露，2021；于晓华等，2022），本章选择的控制变量如下：一是消费者的个人特征，包括性别、年龄、婚姻状况、受教育程度；二是消费者的家庭特征，如家庭规模、是否有12周岁以下小孩共同居住；三是对认证机构的信任程度，通过调查消费者对认证机构的信任程度可以初步看出消费者对低抗肉制品的信任度及偏好，由于目前低抗制品还没有形成完整的认证机制，故利用“对绿色无公害食品认证机构的信任度”来衡量。相关变量如表12-2所示。

表12-2　变量赋值与描述性统计

变量名称	具体含义与赋值	均值	标准差
因变量			
购买意愿与行为的偏差	愿意购买但支付溢价低于30%＝1 愿意购买且支付溢价高于30%＝2 不愿意购买且支付溢价低于30%＝3 不愿意购买但支付溢价高于30%＝4	2.368	1.086
核心自变量			
感知价值			
安全感知	低抗肉制品一定比普通肉制品更安全吗？非常不同意＝1，比较不同意＝2，一般＝3，比较同意＝4，非常同意＝5	3.162	0.783
健康感知	是否同意“降低抗生素残留有益于人体健康”？非常不同意＝1，比较不同意＝2，一般＝3，比较同意＝4，非常同意＝5	3.412	1.056
环境感知	是否同意“低抗养殖有利于环境保护”？非常不同意＝1，比较不同意＝2，一般＝3，比较同意＝4，非常同意＝5	3.557	1.033
主观知识			
低抗关注经历	是否听说过低抗肉制品？否＝0，是＝1	0.349	0.477
了解程度	不了解＝1，了解较少＝2，有一定了解＝3，比较了解＝4，非常了解＝5	1.654	0.848

续表12-2

变量名称	具体含义与赋值	均值	标准差
控制变量			
性别	女性=0,男性=1	0.312	0.464
年龄	18以下=1,18～25=2,26～30=3,31～40=4,41～50=5,51～60=6,60以上=7	2.394	1.008
婚姻状况	已婚=0,未婚=1	0.860	0.347
受教育程度	初中以下=1,高中、中专、职高=2,大专=3,本科=4,研究生=5	3.860	0.758
家庭规模	1人=1,2人=2,3人=3,4人=4,5人=5	3.478	0.890
家中是否有12岁以下孩子	家庭内是否有12周岁以下小孩共同居住？没有=0,有=1	0.194	0.396
认证机构	对于绿色无公害食品认证机构的信任程度？不信任=1,信任度不高=2,一般=3,比较信任=4,非常信任=5	3.331	0.863

(四)基准模型回归结果

1. 多重共线性检验

在对文中所有自变量进行皮尔逊(Pearson)相关系数检验后显示,结果显示变量之间不存在高度相关;故对自变量再进行方差膨胀因子检验(VIF),结果显示最大的VIF值为2.68,平均的VIF值为1.54,模型自变量间不存在多重共线性问题。

2. 模型回归结果分析

本文运用多元Logistic模型对数据进行估计,模型一以第2组“愿意购买且支付溢价高于30%”为参照组,模型二以第3组“不愿意购买且支付溢价低于30%”为参照组,回归结果如表12-3所示。

表12-3　感知价值、主观知识对消费者低抗鸡肉购买意愿与行为偏差影响的估计结果

变量	模型一(愿意购买且支付溢价高于30%)			模型二(不愿意购买且支付溢价低于30%)		
	(1)	(3)	(4)	(1)	(2)	(4)
核心自变量						
感知价值						
安全感知	0.109	−0.399**	−0.155	0.508***	0.399**	0.244
	(0.160)	(0.185)	(0.174)	(0.189)	(0.185)	(0.190)

续表12-3

变量	模型一(愿意购买且支付溢价高于30%)			模型二(不愿意购买且支付溢价低于30%)		
	(1)	(3)	(4)	(1)	(2)	(4)
健康感知	−0.086 9	−0.355**	−0.228	0.268*	0.355**	0.128
	(0.132)	(0.148)	(0.141)	(0.154)	(0.148)	(0.153)
环境感知	−0.012 4	−0.451**	−0.518	0.438***	0.451***	−0.067
	(0.144)	(0.153)	(0.147)	(0.159)	(0.153)	−0.152
主观知识						
低抗关注经历	−0.367	−0.684**	−0.612**	0.137	0.684**	0.072 4
	(0.258)	(0.305)	(0.282)	(0.320)	(0.305)	(0.320)
了解程度	−0.319**	0.017	0.117	−0.336**	−0.017	0.099 9
	(0.157)	(0.175)	(0.157)	(0.192)	(0.175)	(0.181)
控制变量						
性别	0.505**	0.087 7	0.146	0.417	−0.087 7	0.057 9
	(0.242)	(0.283)	(0.267)	(0.281)	(0.283)	(0.284)
年龄	0.474**	−0.062 8	0.374*	0.537**	0.062 8	0.437*
	(0.186)	(0.225)	(0.207)	(0.231)	(0.225)	(0.236)
婚姻状况	1.733***	0.874	1.614***	0.859	−0.874	0.740
	(0.575)	(0.590)	(0.611)	(0.675)	(0.590)	(0.672)
受教育程度	−0.274**	−0.355*	−0.177	0.080 8	0.355*	0.178
	(0.158)	(0.188)	(0.184)	(0.188)	(0.188)	(0.194)
家庭规模	−0.024 6	−0.174	0.090	0.149	0.174	0.264*
	(0.129)	(0.148)	(0.143)	(0.150)	(0.148)	(0.154)
家庭是否有12岁	0.061 3	0.448	0.376	−0.386	−0.448	−0.071 0
以下小孩	(0.311)	(0.336)	(0.315)	(0.342)	(0.336)	(0.326)
认证机构	−0.159	0.113	0.040 7	−0.272*	−0.113	−0.072 5
	(0.136)	(0.153)	(0.147)	(0.156)	(0.153)	(0.154)

注：*、**和***分别表示在10%、5%和1%的水平上显著，括号中数字是稳健标准误。

从感知价值来看，在模型一中，就第3组事件(不愿意购买且支付溢价低于30%)与第2组事件发生比的影响因素来看，安全感知、健康感知、环境感知的系数都为负值且分别在5%和1%的水平上显著，说明对于购买意愿与购买行为呈现负一致的消费群体而言，感知能力的提高有助于增强其购买意愿及购买行为，使其意愿与行为向正一致转化。这是由于认为低抗肉制品更安全的消费者对低抗的信任程度更高，在同等条件下也会更倾向于选择低抗生素的食品。齐振宏和周慧

(2010)在对转基因食品的研究中也得到了类似结论，即认为转基因对健康和环境更好的消费者，接受程度更高，购买意愿也更强。此外，环境感知在第4组事件(不愿意购买但支付溢价高于30%)与第2组事件发生比中通过1%统计水平的显著性检验且系数为负，说明越不同意降低抗生素残留有利于环境保护的消费者越容易出现认知失调，增强环境感知能力可以促使消费者意愿与行为趋于一致。模型二中，主要分析第1组事件(愿意购买但支付溢价低于30%)与第3组事件(不愿意购买且支付溢价低于30%)发生比的影响因素，由表12-3可知，安全感知、健康感知和环境感知的回归系数在1%和10%的水平上正向显著，说明对于购买意愿与购买行为呈现负一致的消费群体来说，感知价值的提高促使其购买意愿增强，但实际购买行为保持不变。这与崔彬(2013)在对农产品安全属性的研究发现类似，即增加其安全属性可以有效提高消费者的购买意愿。据此，研究假设1得到有效验证。

从消费者主观知识来看，消费者低抗肉制品关注经历和低抗肉制品的了解程度对消费者意愿与行为偏差有显著影响。具体来看，在模型一中，与第2组事件相比较，消费者对低抗肉制品的关注经历在第3组和第4组的回归系数均在5%的水平上负向显著，说明没有听说过低抗肉制品的消费者不愿意购买的概率更高且更容易出现认知失调，这是因为此类消费者对于低抗的不确定性较高，不愿意轻易尝试新事物，增加消费者对于低抗肉制品的主观知识一定程度上能够有效抑制消费者购买意愿与行为的悖离，增强消费者购买意愿与行为的一致性。刘增金等(2011)在对认证食品的研究中也得到了类似结论，即是否听说过认证食品会显著影响消费者的购买决策。消费者的了解程度在模型一和模型二中的回归系数都为负，且在5%和10%的水平上显著，说明无论是将第2组事件还是第3组事件作为参照组，对低抗肉制品越不了解的消费者出现认知失调的可能性越大，这是因为对低抗肉制品的了解越多就越能体会低抗的价值，消费者对于低抗肉制品的准确认知能有效提高其消费决策的准确性，有效促进消费者购买意愿与行为保持一致。陈超(2013)和吴春雅等(2019)的研究都得出了同样的结论。由上文可知，研究假设2得到有效验证。

从控制变量的结果来看，性别和年龄都在5%的水平上显著，且回归系数为正，说明相较于女性，男性更容易出现认知失调的现象。这可能因为女性消费者对于低抗肉制品的接受度更高，这一点与齐振宏等(2010)研究消费者对转基因食品认知的实证分析结论一致。年龄越大的消费者购买意愿与行为不一致的可能性越高，原因可能是年龄大的人消费心理更为保守且饮食习惯更加固定。未婚的消费者出现认知失调的可能性更大，这可能是因为已婚群体更加关注食品健康问题，对低抗肉制品的认知水平更高。受教育水平低的消费者更容易出现认知失调，可能是因为受教育水平低，对信息的获取能力和支付能力都比较低。另外，对绿色无公害食品认证机构信任度不高的消费者更容易出现认知失调，这一结论与周应恒等(2004)的研究结论一致。

3. 稳健性检验

为保证结果的可靠性，本章借鉴于晓华等(2022)、李江一等(2022)的方法。据此，利用课题组对消费者低抗猪肉购买意愿与行为的相关数据差异对被解释变量进行替换，再次运用多元 Logistic 回归，结果如表 12-4 所示。感知价值和消费者主观知识都在不同程度上影响消费者意愿与行为的选择，并且从回归系数的正负可以看到影响的方向与表 12-3 的计量结果大体保持一致，表明回归结果可靠。

表 12-4　稳健性检验结果

变量	模型一(愿意购买且支付溢价高于 30%)			模型二(不愿意购买且支付溢价低于 30%)		
	(1)	(3)	(4)	(1)	(2)	(4)
核心自变量						
感知价值						
安全感知	0.033 9	−0.446**	−0.196	0.479**	0.446**	0.250
	(0.167)	(0.184)	(0.167)	(0.202)	(0.184)	(0.193)
健康感知	−0.207	−0.478***	−0.228*	0.270*	0.478***	0.250
	(0.137)	(0.150)	(0.135)	(0.164)	(0.150)	(0.158)
环境感知	0.112	−0.241	−0.569***	0.354**	0.241	−0.327**
	(0.151)	(0.155)	(0.139)	(0.173)	(0.155)	(0.158)
主观知识						
低抗关注经历	0.056 7	−0.789**	−0.267	0.846**	0.789**	0.522
	(0.268)	(0.329)	(0.265)	(0.359)	(0.329)	(0.341)
了解程度	−0.365**	−0.164	0.222	−0.201	0.164	0.386**
	(0.170)	(0.192)	(0.147)	(0.221)	(0.192)	(0.195)
控制变量						
性别	0.034 0	−0.058 3	−0.151	0.092 3	0.058 3	−0.093 2
	(0.251)	(0.283)	(0.249)	(0.309)	(0.283)	(0.292)
年龄	0.513***	0.015 5	0.288	0.497**	−0.015 5	0.272
	(0.185)	(0.217)	(0.203)	(0.230)	(0.217)	(0.233)
婚姻状况	1.265**	0.567	1.316**	0.698	−0.567	0.749
	(0.581)	(0.592)	(0.587)	(0.692)	(0.592)	(0.672)
受教育程度	−0.098 2	−0.306**	−0.067 1	0.208	0.306*	0.239
	(0.161)	(0.182)	(0.178)	(0.197)	(0.182)	(0.195)
家庭规模	0.025 9	−0.080 4	0.055 6	0.106	0.080 4	0.136
	(0.133)	(0.150)	(0.135)	(0.164)	(0.150)	(0.157)
家庭是否有 12 岁	−0.074 4	0.430	0.264	−0.505	−0.430	−0.166
以下小孩	(0.322)	(0.330)	(0.300)	(0.369)	(0.330)	(0.333)
认证机构	−0.208	0.128	0.0316	−0.335**	−0.128	−0.096 1
	(0.141)	(0.155)	(0.139)	(0.170)	(0.155)	(0.158)

注：*、**和***分别表示在10%、5%和1%的水平上显著，括号中数字是稳健标准误。

三、本章小结

消费者购买意愿与购买行为是否一致在一定程度上反映了低抗肉制品的市场发展状况和消费者对低抗肉制品的关注程度。本章通过多元 Logistic 模型对 650 份调研数据进行回归分析，主要从感知价值和消费者主观知识两个方面实证研究了消费者对低抗肉制品购买意愿和行为偏差的原因。研究显示：第一，消费者感知价值对认知失调有显著影响。对于购买意愿与行为呈现负一致的消费群体来说，提高感知价值有助于提高其购买意愿及行为，有效促进意愿与行为向正一致转化。对于存在认知失调的消费群体来说，增强消费者的感知能力一定程度上抑制了消费者购买意愿与行为的悖离，但是对于提高消费者购买行为的作用有限。第二，消费者主观知识对认知失调有显著影响。对于购买意愿与行为呈现负一致的消费群体来说，增加其对低抗肉制品的主观知识可以有效抑制意愿与行为的悖离，有效促进意愿与行为的一致性转化。对于产生认知失调的消费群体，增加主观知识不仅能够促使其增强购买意愿，也能提高其购买行为，提升了消费者意愿与行为保持一致的可能性。第三，对绿色食品认证机构信任度较低的消费者易出现认知失调。

本章的研究结论具有一定启示。第一，在感知价值方面，有关部门应该有针对性地用简单通俗的语言传播低抗肉制品的安全价值、健康价值和环境价值，进一步提高消费者的感知能力。由于感知价值对消费者购买行为的作用并不明显，故在提高消费者感知能力的同时可以通过适当控制低抗肉制品的价格，提高消费者购买行为。第二，在主观知识方面，要对低抗肉制品进行广泛的宣传，增加消费者的信息渠道，让更多的消费者认识低抗肉制品。提高消费者的认知水平有助于帮助其树立客观的消费理念，减少因对新鲜事物的不了解而产生的消费矛盾心理，从而提升消费者购买意愿与行为的一致性。第三，完善相关认证标识。本章在研究过程中发现低抗肉制品缺乏相应的认证标志，还未形成完善的从生产到销售的产业链，因此政府要继续加强对低抗肉制品的流程监管，提高安全管理水平。此外，可以通过互联网建立低抗食品交流平台，通过网络宣传相关的抗生素政策，消费者互相交流购买经验，投诉违规产品等。

参考文献

[1] Ajzen, I. Nature and Operation of Attitudes[J]. Annual Review of Psychology, 2001,52(1):27-58.

[2] Boyle, L. A. , K. O Driscoll. Animal welfare: an essential component in food safety and quality[J]. Food Chain Integrity, 2011: 169-186.

[3] Braude, R. Copper as a stimulant in pig feeding[J]. World Review of Animal Production, 1967, 3: 69-82.

[4] Broom, D. M. The roles of industry and science, including genetic selection, in improving animal welfare[J]. Lucrari stiintifice Zootehnie si Biotehnologii, 2009, 42: 532-546.

[5] Dawkins, M. S. A user's guide to animal welfare science[J]. Trends in Ecology & Evolution,2006,21: 77-82.

[6] Dosman, D. M. , Adamowicz, W. L. , Hrudey, S. E. Socioeconomic Determinants of Health and Food Safety- Related Risk Perceptions[J]. Risk Analysis,2001,21(2):307-318.

[7] Faure, J. M. , Bessal, W, Jones, R. B. , et al. Direct selection for improvement of animalwell-being[M]. Wallingford, Oxon: CAB International, 221-245.

[8] Festinger,L. A Theory of Cognitive Dissonance[M]. Stanford, CA: Stanford University Press,1957:47-49.

[9] Johnston, C. H. , Richardson, V. L. , Whittaker, A. L. How well does australian animal welfare policy reflect scientific evidence: A case study approach based on lamb marking[J]. Animals, 2023, 13(8): 1358.

[10] Kellert, S. R. , Felthous, A. R. Childhood cruelty toward animals among criminals and noncriminals[J]. Human Relations,1985,38(12):1113-1129.

[11] Kim, S. Y. , Yeo, J. , Sang, H. S. , et al. Toward a Composite Measure of Green Consumption: An Exploratory Study Using a Korean Sample[J]. Journal of Family & Economic Issues,2012,33(2):199-214.

[12] Li, P. J. Exponential Growth, Animal Welfare, Environmental and Food Safety Impact: The Case of China's Livestock Production[J]. Journal of Agricultural and Environmental Ethics, 2009, 22(3): 217-240.

[13] Moore, G. C. , Benbasat, I. Development of An Instrument to Measure the Perceptions of Adopting an Information Technology Innovation[J]. Information Systems Research,1991, 2(3):192-222.

[14] Morton, R. , Whittaker, A. L. Understanding subordinate animal welfare legislation in australia: Assembling the regulations and codes of practice[J]. Animals, 2022, 12(18): 2437.

[15] Olabi, A. G. Developments in sustainable energy and environmental protection[J]. Energy, 2012, 39(1): 2-5.

[16] Olson, E. L. It's Not Easy Being Green: The Effects of Attribute Tradeoffs on Green Product Preference and Choice[J]. Journal of The Academy of Marketing Science, 2013, 41(2): 171-184.

[17] Parminter, T. G. Policy decision making framework for considering the economic and non-economic effects of changing animal welfare regulations[C]//2006.

[18] Porter, M. E. Competitive Advantage: Creating and Sustaining Superior Performances: With a New Introduction[J]. New York: Free Press, 1985.

[19] Bord, R. J., Fisher, A. Risk Perceptions, General Environmental Beliefs, and Willingness to Address Climate Change[J]. Risk Analysis, 1999, 19(3): 461-471.

[20] Shalev, M. M. USDA to apply animal welfare regulations to foreign air carriers[J]. Lab Animal, 2004, 33(1): 15. doi: https://doi.org/10.1038/laban0104-15a

[21] Zeithaml, V. A. Consumer Perceptions of Price, Quality, and Value: A Means-End Model and Synthesis of Evidence[J]. Journal of Marketing, 1988, 52(3): 2-22.

[22] Zhang, K. Z. Wen. Review and challenges of policies of environmental protection and sustainable development in China[J]. Journal of Environmental Management, 2008, 88(4): 1249-1261.

[23] Badi, B. FAO 农场动物福利对联合国可持续发展目标的作用[J]. 兽医导刊,2018(21):7-8.

[24] 白长虹,廖伟．基于顾客感知价值的顾客满意研究[J]. 南开学报,2001(6):14-20.

[25] 曹晓波,张玉,张燕．舍饲绵羊福利评价体系的研究[J]. 中国畜牧杂志,2016,52(1):64-68.

[26] 曾寅初,夏薇,黄波．消费者对绿色食品的购买与认知水平及其影响因素——基于北京市消费者调查的分析[J]. 消费经济,2007(1):38-42.

[27] 常纪文．动物福利法　中国与欧盟之比较[M]. 北京：中国环境科学出版社，2006.

[28] 常纪文．动物福利与动物权利之法学辨析[J]. 昆明理工大学学报(社会科学版),2007(7):6-8.

[29] 陈超,石成玉,展进涛,等．转基因食品陈述性偏好与购买行为的偏差分析——以城市居民食用油消费为例[J]. 农业经济问题,2013,34(6):82-88, 112.

[30] 陈红英,王月颖,傅思武．抗生素在养殖业中的应用现状[J]. 现代畜牧科技,2019(5):1-3.

[31] 陈萌萌，李晓峰，肖红波．国外兽用抗生素减量化实践经验及其对我国的启示[J]. 中国农业科技导报，2022,24(6)：19-26.

[32] 陈默,尹世久,徐迎军．消费者自述偏好与现实选择比较研究——以有机牛奶为例[J]. 统计与信息论坛,2015,30(1):100-105.

[33] 陈新建,董涛,易干军．城市消费者有机食品认知与购买决策——基于北京、上海、广州、深圳 1017 名消费者调查[J]. 华中农业大学学报(社会科学版),2014(2):80-87

[34] 陈志颖．无公害农产品购买意愿及购买行为的影响因素分析——以北京地区为例[J]. 农

业技术经济,2006(1):68-75.

[35] 成登苗，李兆君，张雪莲，等．畜禽粪便中兽用抗生素削减方法的研究进展[J]．中国农业科学，2018,51(17)：3335-3352.

[36] 程兆康，杨金山，吕敏，等．我国畜禽养殖业抗生素的使用特征及其环境与健康风险[J]．农业资源与环境学报，2022,39(6)：1253-1262.

[37] 崔彬．农产品安全属性叠加对城市消费者感知及额外支付意愿的影响——以猪肉为例[J]．农业技术经济,2013(11):32-39.

[38] 董海峰,王浩．绿色农产品顾客感知价值研究——基于12个省(直辖市)调查的结构方程模型分析[J]．科技进步与对策,2013,30(12):17-21.

[39] 杜鹏．消费者绿色食品支付意愿研究:顾客体验视角[J]．农业经济问题，2012,33(11):98-103，112.

[40] 顾海英,王常伟．转变生产消费方式诉求下的动物福利规制分析——基于防控新冠肺炎的思考[J]．农业经济问题,2020(3):17-23.

[41] 顾招兵,杨飞云,林保忠,等．农场动物福利现状及对策[J]．中国农学通报,2011,27(3):251-256.

[42] 郭欣,严火其．农场动物福利“五大自由”思想确立研究[J]．自然辩证法通讯,2019,41(2):74-82. DOI:10. 15994/j. 1000-0763. 2019. 02. 012.

[43] 韩青．消费者对安全认证农产品自述偏好与现实选择的一致性及其影响因素——以生鲜认证猪肉为例[J]．中国农村观察,2011(4):2-13，26，96.

[44] 何可,李凡略,畅华仪．构建低碳共同体:地方性共识与规模养猪户农业碳交易参与——以农村沼气CCER碳交易项目为例[J]．中国农村观察,2021(5):71-91.

[45] 胡中应．动物福利壁垒对安徽出口贸易影响与对策研究[J]．安徽工业大学学报(社会科学版),2012,29(6):7-9.

[46] 黄雯怡,王国聘．西方动物伦理思想的演进、困境和展望[J]．南京社会科学,2016(6):56-62. DOI:10. 15937/j. cnki. issn1001-8263. 2016. 06. 009.

[47] 姜冰．基于国际“5F”原则的规模化养殖场奶牛福利评价指标赋权研究[J]．家畜生态学报,2021,42(5):55-61.

[48] 蒋瑛,杨骁,殷贵坤．信任视角下中老年农户养老保险参与行为研究——基于中国家庭追踪调查(CFPS)数据的分析[J]．农村经济,2022(2):108-116.

[49] 靳明,赵昶．绿色农产品消费意愿和消费行为分析[J]．中国农村经济,2008(5):44-55.

[50] 李淦,顾宪红．动物福利思想的起源及其发展研究[J]．家畜生态学报,2017,38(5):1-6.

[51] 李江一,秦范．如何破解农地流转的需求困境？——以发展新型农业经营主体为例[J]．管理世界,2022,38(2):84-99，6.

[52] 李亮科，朱葛军，马骥．欧盟破解规模养殖与生态环境保护问题的制度安排[J]．世界农业，2014(8)：43-46.

[53] 李万福,林斌,宋璐．内部控制在公司投资中的角色:效率促进还是抑制[J]．管理世界,2011(2):81-99，188.

[54] 刘贝贝,青平,游良志．创新型农产品类型、消费者主观知识与购买意愿分析——以营养

强化农产品为例[J]. 农村经济,2018(8):51-55.
[55] 刘晓莹,何志霞,王春悦,等. 中国兽用抗菌药使用现状及“减抗”建议[J]. 天津农林科技,2022(4):33-35.
[56] 刘跃华,韩萌,冉素平,等. 欧洲应对抗生素耐药问题的治理框架及行动方案[J]. 中国医院药学杂志,2019,39(3):219-223.
[57] 刘增金,乔娟. 消费者对认证食品的认知水平及影响因素分析——基于大连市的实地调研[J]. 消费经济,2011,27(4):11-14, 4.
[58] 卢素兰,刘伟平. 消费者绿色农产品自述偏好与实际选择偏差研究——基于情境变量调节效应的实证分析[J]. 河南师范大学学报(哲学社会科学版),2017,44(6):48-53.
[59] 宁磊,吴祥林. 实验动物福利与“3R”原则[J]. 微生物学免疫学进展,2006(3):53-56. DOI:10.13309/j.cnki.pmi.2006.03.014.
[60] 宁立标,肖雨阳. 国际贸易壁垒视域下动物福利立法研究[J]. 中国畜牧杂志,2023(11):328-332.
[61] 齐振宏,周慧. 消费者对转基因食品认知的实证分析——以武汉市为例[J]. 中国农村观察,2010(6):35-43.
[62] 钱颜. 莫让技术壁垒成为外贸企业拦路虎[N]. 中国贸易报,2018-2-1(7).
[63] 秦天宝. 人与自然和谐共生的中国式现代化之环境法治保障[J]. 武汉大学学报(哲学社会科学版),2023,76(3):28-38.
[64] 青立花. 美国动物福利立法研究[D]. 长沙:湖南师范大学,2008.
[65] 史小平,王禄增,王捷,等. 试论动物福利概念及实验动物福利内涵[J]. 中国比较医学杂志,2004(5):57-58.
[66] 史有春,刘春林. 顾客重复购买行为的实证研究[J]. 南开管理评论,2005(1):35-41.
[67] 苏美洋伊,陈昱君,陈星,等. 我国实验动物福利伦理审查质量评价指标体系构建研究[J]. 中国比较医学杂志,2023,33(4):109-117.
[68] 孙永波,王亚,萨仁娜,等. 肉鸡福利评价指标研究进展[J]. 动物营养学报,2017,29(12):4273-4280.
[69] 孙忠超. 我国农场动物福利评价研究[D]. 呼和浩特:内蒙古农业大学,2013.
[70] 唐学玉,李世平,姜志德. 安全农产品消费动机、消费意愿与消费行为研究——基于南京市消费者的调查数据[J]. 软科学,2010,24(11):53-59.
[71] 王建华,钭露露. 基于消费者认知失调的安全认证农产品选择行为研究[J]. 农业技术经济,2021(2):50-62.
[72] 王建华,杨晨晨,朱湄. 消费者对安全认证猪肉的选择行为偏差及其影响因素[J]. 中国人口·资源与环境,2018,28(12):147-158.
[73] 王丽,吴风玲,孟存景. 探究畜禽养殖业抗生素污染现状及应对措施[J]. 畜牧兽医科技信息,2023(4):29-31.
[74] 王丽娜,江青艳. 福利养猪的现状与发展趋势[J]. 中国畜牧兽医文摘,2016,32(9):4,57.
[75] 王帅兵,熊良伟,陈晓兰. 畜牧养殖中细菌耐药性产生机制与对策[J]. 动物医学进展,

2009,30(6)：105-109.
[76] 王腾，杨姗霞，李旺东，等．福利养殖的必要性及其在养猪生产中的应用[J]. 猪业科学，2019,36(2)：116-117.
[77] 吴博，严非，付朝伟．中美细菌耐药监测及治理演变比较[J]. 中国卫生资源，2021,24(5)：615-618.
[78] 吴春雅，夏紫莹，罗伟平．消费者网购地理标志农产品意愿与行为的偏差分析[J]. 农业经济问题，2019(5)：110-120.
[79] 习近平．高举中国特色社会主义伟大旗帜 为全面建设社会主义现代化国家而团结奋斗——在中国共产党第二十次全国代表大会上的报告[N]. 人民日报，2022-10-26.
[80] 习近平．努力建设人与自然和谐共生的现代化[J]. 求是，2022(11).
[81] 肖星星．美国、欧盟动物福利立法的发展及借鉴[J]. 世界农业，2015(8)：97-101.
[82] 杨晨钰婧，闫少聪，薛永基．都市休闲农业旅游行为与意愿悖离研究——基于北京市 829 名消费者的调查数据[J/OL]. 中国农业资源与区划，2022：1-9.
[83] 杨柳，杨庆懿．保健食品安全信任及建立安全信任政策的研究[J]. 食品安全质量检测学报，2018,9(5)：1200-1204.
[84] 杨义风，王桂霞，朱媛媛．欧盟农场动物福利养殖的保障措施及对中国的启示——基于养殖业转型视角[J]. 世界农业，2017(10)：165-169.
[85] 杨玉苹，孙炜琳，朱立志．农户生物菌肥购买意愿及行为的影响因素研究——基于山东省设施菜农的调研数据[J]. 中国农业资源与区划，2019,40(2)：49-55，78.
[86] 易湛苗，张晓乐．WHO 和部分国家遏制抗菌药物耐药性的策略[J]. 中国药学杂志，2014,49(3)：253-256.
[87] 尤晓霖．英国动物福利观念发展的研究[D]. 南京：南京农业大学，2017.
[88] 于法稳，黄鑫，王广梁．畜牧业高质量发展：理论阐释与实现路径[J]. 中国农村经济，2021(4)：85-99.
[89] 于晓华，喻智健，郑适．风险、信任与消费者购买意愿恢复——以新发地疫情食品谣言事件为例[J]. 农业技术经济，2022(1)：4-18.
[90] 于洋，方亮星，周宇峰，等．畜牧业发展中抗菌药应用的“利”与“刃”[J]. 中国科学院院刊，2019,34(2)：152-162.
[91] 张国政，徐增，唐文源．茶叶地理标志溢价支付意愿研究——以安化黑茶为例[J]. 农业技术经济，2017(8)：110-116.
[92] 张慧敏，章明奎，顾国平．浙北地区畜禽粪便和农田土壤中四环素类抗生素残留[J]. 生态与农村环境学报，2008(3)：69-73.
[93] 张敏，严火其．从动物福利、动物权利到动物关怀——美国动物福利观念的演变研究[J]. 自然辩证法研究，2018,34(9)：63-68. DOI：10. 19484/j. cnki. 1000-8934. 2018. 09. 011.
[94] 张砚，李小勇．消费者绿色购买意愿与购买行为差距研究[J]. 资源开发与市场，2017,33(3)：343-348.
[95] 钟甫宁，易小兰．消费者对食品安全的关注程度与购买行为的差异分析——以南京市蔬菜市场为例[J]. 南京农业大学学报(社会科学版)，2010,10(2)：19-26.

[96] 周生贤．积极探索中国环保新道路,促进经济社会可持续发展[J]．中国科学院院刊，2012，27(3)：301-306.

[97] 周伟良,刘锋．减抗替抗背景下兽用抗菌药的使用现状与对策[J]．中国兽药杂志，2020，54(10)：82-85.

[98] 周应恒,霍丽玥,彭晓佳．食品安全:消费者态度、购买意愿及信息的影响——对南京市超市消费者的调查分析[J]．中国农村经济,2004(11):53-59，80.

[99] 朱永官,欧阳纬莹,吴楠,等．抗生素耐药性的来源与控制对策[J]．中国科学院院刊，2015,30(4)：509-516.

[100] 邹世颖,贺晓云,梁志宏,等．转基因动物食用安全评价体系的发展与展望[J]．农业生物技术学报,2015,23(2):262-266.